王明贤主编

建筑界丛书　第二辑

华黎　Hua Li

起点与重力

Origin and Gravity

中国建筑工业出版社

华黎，迹·建筑事务所（TAO）创始人及主持建筑师，1972 年出生，毕业于清华大学和美国耶鲁大学建筑学院，获建筑学硕士学位，之后曾实践于纽约。2009 年在北京创立TAO。TAO 对当代建筑在全球化的消费主义语境下成为风格化的形式主义持批判态度。在华黎的建筑观中，建筑被视为一个进化的有机体，与其环境构成不可割裂的整体，而非仅仅是一个形式物体。TAO 的实践通过深入挖掘场所意义和合理运用此时此地的条件，营造根植于当地文化与自然环境的建筑和景观，并诠释其营造过程中涉及的丰富意义。场所精神、场地及气候回应、当地资源合理利用，以及因地制宜的材料与建造方式等命题的探讨，构成了 TAO 每个项目工作的核心内容。华黎以及 TAO 的主要设计作品包括：常梦关爱中心小食堂(2008)、云南高黎贡手工造纸博物馆(2010)、四川孝泉民族小学灾后重建(2010)、半山林取景器 (2012)、武夷山竹筏育制场 (2013)、林建筑（2014)、四分院（2015 ）等，曾赢得过亚洲建协奖、入围 2013 阿卡汗国际建筑奖，美国建筑实录杂志评选的 2012 全球设计先锋以及最佳公共建筑奖、中国建筑传媒奖青年建筑师奖以及 WA 建筑奖等多个奖项。TAO 的作品多次受邀在国际建筑展中展出，包括 2014 威尼斯双年展 ADAPTATION 中国建筑展、2013 维也纳当代东亚建筑与空间实践展、2015 纽约中国当代建筑展等。华黎在清华大学教授设计课并曾多次受邀在国际建筑会议以及国内外大学的建筑学院演讲。

"A rose is a rose is a rose is a rose"
—— Gertrude Stein

丛书序

世界多极化、经济全球化的总体格局中，中国在发展模式、发展内容、发展任务等方面发生了一系列的变化，中国城市也发生了极其巨大的变化，出现了从未有过的城市与建筑新景观。一批青年建筑师敏锐地意识到一个不同的建筑时代正在开始，抓住当代建筑的新精神，提出建筑实验的主张并付诸行动。他们的工作重心由纯概念转移到概念与建造关系上，并开始了对材料和构造以及结构和节点的实验。同时，在他们的工作中，创作与研究是重叠的，旨在突破理论与实践之间人为的界限。他们的作品使中国当代建筑显示出顽强的生命力，也体现了特殊的魅力。

与整个国家巨大的建设洪流相比，青年建筑师的研究性作品显得有些弱小，然而正是这些作品诠释了当代空间，因此具有新的学术意义。为了反映中国当代建筑这种新趋势，2002 年中国建筑工业出版社出版了"贝森文库 - 建筑界丛书第一辑"，其中包括《平常建筑》（张永和 著）、《工程报告》（崔愷著）、《设计的开始》（王澍 著）、《此时此地》（刘家琨 著）和《营造乌托邦》（汤桦 著）。"建筑界丛书第一辑"的编辑出版，得到杜坚先生和贝森集团鼎力襄助，贝森集团投资出版的这套丛书，由杜坚先生和我共同担任主编。

又过了 13 年，建工出版社继续出版"建筑界丛书第二辑"，介绍中国新一代建筑师的代表作，梳理中国当代建筑史的脉络和逻辑，力图呈现中国建筑师的新面貌。我们希望年轻人能喜欢建筑界丛书，也希望这几本小书能在青年建筑师和建筑学子的青春记忆中留下独特的学术印迹。

王明贤
2015/9

这本书记录了我从 2008 年到现在这几年里的建筑工作。这也是第一次对自己的作品做一个集结性的出版，因此做这本书也给了我一个对自己工作回顾和自省的机会。

　　十二年前，我在意大利城市博洛尼亚看到的一栋老建筑留给我深刻的印象，立面上被多次改造的窗洞以一种几乎无法辨认的逻辑累叠出现，诉说了房子复杂而神秘的历史，这一挥之不去的图景潜意识里影响了我的建筑观，或许也在后来催生了我事务所的名字——迹。这其中的启示是：一方面，建筑是由无数个微观的局部场所形成的整体秩序；另一方面，建筑不仅仅是一个形式物体，更是承载一段进化史的一个有机体。建筑与其形式背后的活动才一起构成了建筑的全部存在。当我们在纸面上描绘空间想象时，更容易只看到建筑是从现实剥离出来的一种抽象形式、一种整体秩序，而忽视其作为场所对人的意义，并且无法预见建筑的未来是如何被真正使用的。而如果我们进入对建筑中人的观照和时间维度的观照，我们会发现建筑是如此地复杂与混沌，正如人的复杂与混沌，而建筑师能做的也许仅仅是在历史刻度的某一点建立一个清晰可读的秩序，对当时当地的生活产生一种物质和精神作用，它是一个乌托邦，一个纪念物，试图传递某种不会轻易被时间淘汰的价值。在当下纷扰繁乱的各种语境下，要辨析这种价值何其困难。尤其是当建筑不断地因图像和符号的泛滥而被误读，因各种理论和标签的捆绑或裹挟而令人困扰时，我只能说，让建筑回到一种更原初的状态是唯一的解决之道，即所谓起点的状态，这是一个去魅和还原的动作，可以回到问题的根本，回到对本质的体验，当然前提是我们相信有本质的存在。在这种建立秩序的过程中，建筑当然必须要面对各种现实土壤所带来的重力，尤其是当我选择在条件截然不同的地域来实践截然不同的项目类型时，这或许可以解释不同作品在形式上和语言上的变化。起点与重力，隐含了建筑终归是主体与客体的交汇、理想世界与现实世界的碰撞。而建筑作品正是建筑师个人状态的真实反映。建筑同任何创造一样，作品一旦产生即有其独立的生命，更何况建筑在所有创造中可能持续的时间更长。因此，这本书侧重于平实地记录在创造这些建筑中的所思所想，以及建造过程中所发生的故事，而没有太多关于形式的理论，因为我相信，形式来自于常识、来自于个人记忆与经验、来自于一种观看世界的朴素方法。而所谓理论，如果脱离了我们自身对世界体验的印证，只能成为一种无关的话语权力。所以我还是相信那句话：美，存在于静默中。

华黎

2014/8/26

目
录

建筑琐记

空间

空间是记忆、发现和灵光闪现，而非仅仅理性的功能。空间也许是建筑中能挑战我们对自己生存状态的无意识的最有力的一面。启发我们灵感的空间可以提出这样的问题：你在何处？你如何存在？因而创造能引发我们好奇和疑问的空间是建筑最深刻的任务。

建造

建造是实现建筑的最根本的手段。在此建筑不是抽象的，而是具体的和物质的。建造应当遵从自然的法则和秩序，而非依赖于技术的人的武断。有三个重要元素：1. 真实——一种品质，可以抗拒事物意义被错位和乱用；2. 清晰——表达结构性和材料的真实逻辑的愿望，尽管不能完全从视觉上体现；3. 此时此地——尊重我们当下所处的时间与空间所带来的"重"，建筑无论从环境或文化角度都属于特定的场地和背景，因此我们应当面对局限用创造性的态度去发现答案。

感知

美并未死亡，但"美也不是一夜之间造就的"（路易斯·康）。美早已存在，等待被发现，不断变化的仅仅是我们看待它的角度和方法。这是更相信于感觉而非思考。如尼采所言，"思考是感觉的影子，更暗、更空、更简单"，我们应当始终对以理智之名的概念所泛滥的权力保持怀疑和警惕。美因此存在于静默中。

时代

创造建筑，是对未来的期许，但创造也来自于记忆。建筑是过去与未来戏剧性的交汇，却以当下的手段来实现。建筑因而属于某个时代，但它又可以超越时代。超越风格、表象、隐喻的建筑方将持续存在并在精神世界中展现自己。

2010/1

起点与重力——在地建筑

建筑是一种建构，而文字是一种颠覆（用新的认识不断去破解原有的知识）。建筑中可以有片刻的、恰到好处的寂静，而文字是让人无法停止的。这大概是因为文字必须被思考，而建筑可以只是被感觉。记得有位哲人说过："一旦你思考了，你就不可能存在于当下，因为头脑要么投射过去，要么投射未来，而当下是看见，是听见。"从这个意义上来讲，只有诗这一种文字形式可以被感觉，可以获得寂静，而这恰是因为诗解构了思考，使其破碎而可能被感觉。西扎曾说"我只有觉得有写作的欲望时，我才会写作。"这可以理解为当有颠覆产生时，寂静将被打破，才会有文字。

　　因此用文字来系统地阐释建筑师所做的工作并不是一件容易的事，因为建筑师的实践活动本身就是由很多具有偶然性的碎片组成，而在这差异、跳跃、混沌、矛盾的现实活动中要提炼出一种清晰的理念，必须要剥除纷繁的表象，来找到自己一以贯之的持续的观念，然而叙述这一理念也可能就此掩盖了建筑活动中其实多样而复杂的内容，所以我们对文字还是应该保持清醒，它是一种理想化的抽象，也是一种对现实的简化。

　　建筑对我而言，总是可以归纳为对两个问题的思考：起点和重力。打个比方的话，做建筑的工作就有点像进行一段未知的旅程，起点的意义就是你站在原点需要做出判断往何处去；重力则是这段旅程中你将面对的人和事。从这个意义上讲，必然是没经历过的旅程于我更有吸引力，因为需要从零开始，因为风景不会重复，遇到的人和事不会重复。这也许就是我会选择在不同地方做不同类型的项目而很少重复的原因。但反过来讲，无论是何地何样的建筑，它们所遇到的问题又有着相似相通的地方，这应该是基于人的身体和精神的需求仍有着永恒而普遍的东西，正如康所说：将存在的已经存在 (what will be has always been)。又如卡尔维诺所描述的还未被写出就已经被读过的书，建筑似乎就是在记忆与想像、已知和未知、过去和未来、不确定和永恒之间的思辨式的拉锯。

起点

起点，是事物原初的本质。对起点的思考即是对本质的探寻。例如，卡洛·斯卡帕曾经对楼梯有这样的思考：楼梯的每一级踏步总有一半是不用的，因为一步踏在这一级的左半边，另一步则会踏在下一级的右半边。因此他做出了每一级踏步只有一半交错而上的楼梯形式。这一反映了楼梯之实质的设计则是源于一种对起点的思考。因此，寻找起点的价值就在于它使我们直接面对建筑中最本质的意义。

建筑中的起点于我反映在这样一些层面：

1. 场所意义

场所是建筑与人的关系之体现。场所无处不在，即便那些沉默的大多数没有经过建筑师设计的房子里，也都存在着场所。甚至没有建筑的时候，也可以有场所（例如一棵树下自然是一个休憩的场所）。有人的活动，场所就在那了，因此可以说人的行为界定了场所。而设计就是组织空间、形状、尺度、光线、视线等，让建筑对人的行为给出有针对性的回应，因而与人产生紧密的内在联系。例如，设计小学教室的时候，如果让窗户处于小学生坐着的视线高度以上，他会专注于教室内部听老师讲课，而窗户如果在视线高度，他就有机会看外面的风景，产生片刻的精神逃逸，这时窗户就创造了另一个场所，一个心灵想象的场所。所以对场所意义的理解离不开对人的行为本质的思考。这种人的本质需求的存在意志最终一定体现在建筑所塑造的场所中。思考场所意义就是让建筑摒弃先入为主的形式，而回归到人对场所最本质的需要，包括身体的和精神的。场所意义是一个简单而基本的事实，但在我们这个时代反而经常被忽略。

2. 空间

建筑中最能触动我们的，也最有力量的还是空间。然而空间自身是没有意义的，只有有了人对空间的凝视，它才有意义。就像卒姆托谈到材料本身不是诗意的，而是人赋予了它诗意。所以，空间最重要的作用还在于对人的意识和感觉的激发。如果前面提到的场所意义更多意味着我们所熟悉的文化中已经存在并沉淀下来的空间和人的关系（因而更多进入我们的潜意识），那么空间还可以提出不熟悉、原始而没有预设答案的问题。例如，当我们把分隔房间的实墙转而理解为一个可进入的空间时，建筑里面就似乎除了房间的"内"部空间以外，又产生了"外"部空间。而当这个外部空间被占据而变成了"内"时，原来的室内空间又变成了"外"，这种我们不熟悉的场景带来无穷的想象并促使人思考：你在空间中的何处？因此空间更为深刻的作用，就在于启发我们的想象力，消解我们固有的认识，去面向未知，去探求新的可能性。空间是神秘的、无限的，超越语言描述的。

3. 建造

建筑始于建造这一运用材料的物质活动，木料的搭接，砖石的累叠中体现了自然的法则与秩序。因此建造应该起于对材料本质以及建构逻辑的理解，材料自身的意志需要被尊重并且呈现，材料必须被真实合理地使用，这种真实性可以抗拒事物意义的错位和乱用；而建筑表达结构和构造的真实建构逻辑的愿望，则体现为一种清晰性——尽管这不能完全从视觉上体现；当材料和建构的本质得以呈现，建造就产生了诗意。所以我说让石头成为石头；让过梁成为过梁。

因此，在建筑中针对场所意义、空间和建造做出最原初的提问和思考，成为我设计工作的起点。例如常梦关爱中心小食堂，这样一个有十多个智障儿童和孤儿的关爱机构需要一个什么样的空间？通过实地体验我感受到，这个有着家庭氛围的机构最需要一个有凝聚力的场所。因此主空间的设计就从一条长桌子出发，为了让孩子们能聚在一起，形成一个集体用餐、聚会、学习的空间，而桌子上方的顶光加强了这种氛围；四川孝泉民族小学项目的概念起源于思考学校的场所意义除了集体教育之外更在于鼓励儿童个性的自我发展，所以设计出一个城市空间群落，而非一栋单一建筑，这样给儿童个体提供更多有趣的活动空间，使学校成为一个快乐的微型城市。北京运河森林公园林建筑的概念则直接起源于营造一个在树下吃饭、聊天、看风景的场所，由此发展出一组树形结构，形成了一片"林下空间"，而用木结构来建造也契合这一想法。

寻找起点的意义在于归零，因为我们处在一个前所未有的被符号充斥的世界，肤浅的、错位的、被误读的、曲解的、非本质的意义不断被叠加，使得最初的真实关系反被掩盖而再也无法呈现。寻找起点就是让视线越过符号堆砌的意义烟尘，找到最初的、尚未命名的内在秩序，而只有内在秩序才会持久存在。

重力

如果说起点是对建筑中的本质问题所做的抽象的、形而上的思考，重力则赋予建筑在此时此地的物质存在。起点是单纯的、无形的，重力则是复杂的、有形的。重力使建筑与当时当地的人和物发生千丝万缕的联系，这就如植物与土壤的关系。建筑只有根植于此时此地的土壤才具有更丰富的意义，抽离了这种实在联系的建筑无异于标本、干花，成为没有生命的形式空壳。因此如果说起点是关于建筑学本体意义的探讨，重力则具有更多的社会和现实意义。起点是一种具有普遍性的整体概念，而重力则是面对每一个案的特有条件时需要的具体策略，可以理解为建筑师对建筑所在的场地、气候、资源、传统、建造技术、造价等等因素的特定的理解和回应。

在地建筑 (Architecture In-situ)

"在地"实际上来自对英文 In-situ 的翻译。In-situ 原义是指现场制造 (例如 In-situ concrete 现浇混凝土) ，在考古学中则意味着文物必须放在原始的环境中去考察方能理解其原初的文化背景及相关意义，我借此意义来表达我对建筑一直持续的一个观点：建筑与其所在环境是一个有千丝万缕联系的整体，而非孤立的存在。建筑如果脱离了具体的环境土壤而只被当成一个形式物体来审视，必然成为空洞的符号，丧失其鲜活的特征和现实的意义。因此，在地建筑也就意味着认为建筑应植入所在环境并成为其不可分割之一部分的态度。具体而言，在地建筑在我的实践中体现为形式和建造两个层面的策略：

建筑融入场地的自然和文化景观。建筑植入场地，而不是改变场地。建筑成为场地景观的一部分而不是孤立的纪念物。建筑对场地的态度应该是谨慎微妙地介入，而不是粗暴地抹去重写，原有的场地因素如地形、树木等应该被尊重和利用。例如半山林取景器项目，树的保留使建筑与场地形成共生的景观，有效地延续了场地原有的场所氛围和记忆。水边会所项目建筑用透明和起伏的形态轻盈地介入场地中，力求不破坏水平而开阔的场地中水面、小岛、芦苇等元素共同形成的宁静的场所特质，通过建筑实现人在景观中游走，人、建筑、景观合而为一。孝泉民族小学项目与儿童亲和的建筑尺度、自然转折的形态与城市原有空间肌理和尺度相呼应，这样学生在新建筑里不会有空间的陌生感，与日常的小镇生活因而建立了联系。云南腾冲手工造纸博物馆项目建筑从尺度上化整为零采用聚落的形式来适应场地环境，避免体量过大带来的突兀感；聚落式的建筑在内部产生了不断室内外交互的空间体验，以此来提示观众建筑、造纸与环境之间密不可分的关系。整个村庄连同博物馆形成一个更大的博物馆——每一户人家都可以向来访者展示造纸；而博物馆则是村庄空间的浓缩，如同对村庄的一个预览。通过这种方式让博物馆融入到整个村庄环境中去。

根植于地域土壤的建造。充分利用当地资源，包括当地材料、工艺和工匠。例如手工造纸博物馆项目运用当地传统榫卯木结构，及木、竹、火山石等当地材料，并完全由当地工匠来建造；孝泉民族小学采用的混凝土、页岩砖、木、竹等材料全部来自当地。北京林建筑项目中我们用建筑基础挖出来的土来做该建筑上的夯土墙，减少运输能耗，同时使建筑与场地建立了一种联系。武夷山玉女峰码头游客设施则在现场挖土堆土作为模板浇筑混凝土。这些都是基于因地制宜，就地取材的策略。即便是在今天因全球化而地区差异逐渐模糊甚至消失的大背景下，我相信这一做法仍然有着巨大的意义 (尤其是在技术和资源受制约的地区，这样做更有其生态意义和经济价值) ，它让本地资源参与其中，重新建立对传统的自信，成为抵御世界同化的一种手段，符合自然界物种多样性的法则。

因此在地建筑意味着每个建筑都是针对特定的场所、人和文化，给出具体而不同的答案。而绝不是预设的风格化的形式操作。如果说建筑中形式是主观的、抽象的、个人化的和感性的，建造则是客观的、物质的、社会性的和理性的。在地建筑也意味着形式不应脱离对建造的理解和观照，形式的"轻"与建造的"重"是不可割裂的。从这个意义上说，在地建筑也是在起点与重力之间建立的桥。于我而言，在地建筑是每段旅程留下的日志，它记录了建筑是一个不断对抗 (confrontation) 和寻找的过程，这有如爬山，人只有用身体丈量了每寸山路，才真正理解了山，这过程并无捷径。

2013/6/5 于草场地
（本文原载于 2013 年 6 月《城市 空间 设计》杂志"新观察"专栏 22 辑）

常梦关爱中心

常梦关爱中心是我从 2007 年开始一直在做的公益项目。从最初的小食堂，到未建成的康复室设计，再到现在进行中的儿童画廊，以及中心的整体规划。我们都是本着用最朴素的建筑观点和建造手段，来给这个机构里的儿童营造新的生活场所，改善生活品质。小食堂于 2008 年建成，造价只有 25 万 (捐款来自北京的一个荷兰人社群)，当然这么低的造价也受益于一些厂家捐助的材料和设备。5 年后，儿童画廊的造价估计需要 40 万，目前还在筹措中 (原来承诺的捐助后来又不能兑现)。关爱中心作为民办机构其善款来源具有很多不确定因素，决定了中心的建设必然是由点到面渐进式的改良，而不可能是一步到位的推倒重来。所以我们在这里做的每个小建筑，都是对局部环境的改善，而希望在一段时间的积累以后，形成整体的改善。

小食堂这个小建筑非常朴素，我们对窗洞细节的处理借鉴了柯布西耶在拉托雷特修道院设计里提出的原则，通风扇是通风扇，玻璃窗是玻璃窗，一个物体只承载一个功能，而具有更本质的意义，因而也更有力量。例如小食堂直接嵌入洞口的玻璃从内部看不到边框或窗户分格，因而使洞口还原为纯粹的洞口而更具有空间的意义，这种对窗洞的处理方式我们可以在斯格尔德·卢弗伦斯 (Sigurd Lewerentz) 的圣马可教堂 (Church of St. Mark) 里以及约翰·伍重 (Joern Utzon) 在马约卡岛 (Majorca) 的自宅里看到，一个难以觉察的细微处理却赋予空间以力量。这一对建筑元素的本原意义的思考让我后来形成了这样一个观点：让窗户成为窗户，让光线成为光线，其实就是让建筑里的要素都能直指其本源的意思。

或许正是项目功能的朴素性以及低造价的限制促使我更多思考上述这样的基本问题，最终造就了这种平凡的小建筑。平凡也是一种态度，平凡意味着建筑回到一种更初始的状态，也就是为生活提供场所的状态。正如历史当中无数没有建筑师的建筑所带给我们的启示：建筑基于生活本身的需要，以一种基于常识的感知做出的结果，反而具有自然朴素之美和合理有效之用，这恰是建筑作为场所的本质意义。这样的建筑正是因为没有偏离其本原，而更直指人心，并且经得起时间的考验。这个项目带给我的启示就是：以一种平常心做建筑，反而造就更能打动人的力量。这也是在一个意义和符号被过度制造的时代，建筑仍然可以秉持的一种态度。

2013/12

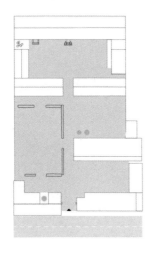
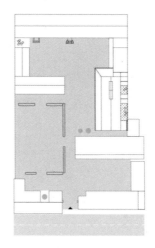

左：原有庭院布局
右：新建庭院布局

小食堂

　　常梦关爱中心位于北京郊区的内军庄村，由公益人士常梦女士创办，是一所托养了十余名肢体残疾儿童、智障儿童和孤儿的民间公益机构，2006 年底旧食堂因漏水成为危房被拆除，在捐助者的筹资帮助下，中心准备建设一个新食堂。2007 年初，捐助人请的项目经理 Emilie Lu 找到我问能不能无偿做一下小食堂的设计，他们原来有一个方案，但不是很满意。得知常梦中心是一个公益机构，我答应了她的邀请。

　　2007 年 2 月 14 日，我和 Emilie 以及捐资的贾乐松、Rini、Andrea 等人一同到常梦关爱中心考察现状。旧食堂所在的是一间坐北朝南的普通砖瓦房，漏水、局部地基下沉，房子已不能再用。与常梦以及她先生老黄交流了一下，初步了解了他们对使用的需求。设计的限制条件是总造价预算不能超过 20 万元，Rini 代表的材料厂家 Maxit 可以提供墙体材料和地面材料。

　　设计之初，首先想的一个问题：这个建筑应当是非常朴素的，因为预算很有限。然而，正因为这个限制条件，这个建筑将是一次机会：一个回归建筑自身的机会。它应当摒弃一切想要附加在建筑上的任何矫情、主观的东西，剥去无谓的形式感和装饰，直指建筑的本质，还原它最基本的意义。也就是说，建筑就是建筑，它不是其他事物的载体，建筑应当还原它自身。

左：爱德华·霍普，《海边的房间》(Rooms by the Sea)
右：工作模型，廊子

1. 空间

原来的房子全是南北向的中间一条路，院子都是东西长，平行而单调，也缺少一个有凝聚力的室外空间。因此第一个想法，是将新建筑转 90°。变成东西向，这样在中间就形成一个较大的具有围合感的庭院，可以成为孩子们室外活动的主要空间。

建筑转过来以后，主要面向西（有点像四合院的东厢房），考虑到西晒会比较热，在建筑前面做了一个廊子空间，可以遮阳，又能在雨雪天可以从北侧的宿舍方便地到达食堂。这个面向庭院的廊子成为一个看向中间院子的过渡空间。我们将廊子内的建筑地面抬起30cm，设想孩子们可以坐在这儿观看庭院里其他人的活动，希望这样能增加院子的吸引力。后来由于地面由南到北有坡，到北侧高差已经不大，所以改成了坐在柱子间的三条木头长凳上。这样既可以对着院子，又可以对着廊子，提供一个休息的地方。

开始设想这个向西的廊子将成为一个光廊，下午的阳光洒进来，带来一种宁静感，就如爱德华·霍普 (Edward Hopper) 的画。建成的结果实现了这一想法。不同时刻的光影给这个空间带来非常丰富的表情。

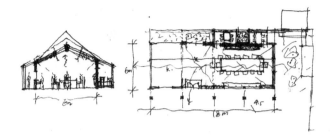

上：设计草图
下：小食堂主空间内部

左：建成后的儿童活动场景
右：东侧的小庭院

　　建筑内部的主要空间以一个可以坐20个人的长餐桌为核心，成为主要的活动场所，孩子们可以在此用餐或学习游戏。这是希望关爱中心的每个人在就餐或活动时能围坐在一起，这样可以增加关爱中心像家庭一样的团结和凝聚力。

　　主空间的另一侧并没有紧贴围墙，那样建筑会变成单向的空间，且通风不好。这里我们借鉴了园林中窗户邻虚的概念，在后面插入了两个小的庭院，将室外景色引入建筑内部使室内空间更富有生机。这样从主空间一进来看到的不是一面墙，而是一片绿色。小庭院之间则形成了两个小餐室与主空间相连，小餐室提供了一个小范围独立活动的区域，关上推拉门具有一定的私密性，而在里面既有阳光，也能看到小庭院里的风景。这样空间的层次感觉就丰富了很多。

2. 形式与建造

　　在确定了基本的空间格局后，紧接着的问题就是：这样的一个小建筑应该采用什么样的建筑语言？怎么开窗？屋顶应该采用什么形式？用什么材料？经过思考，我想既然这个建筑的初衷是朴素的，它的形式就应该由最基本的因素来决定：雨水、光、空气、视线等。因循这一逻辑，形式自己浮出了水面。

主体采用坡屋顶，用最自然的方式排水，檐廊和小餐厅处坡屋顶角度变化是为了更好地排雨，不设檐沟采用自由排水，这样可以使雨水远离墙体，有点像传统建筑屋面的举折。主空间正中在屋顶开了一道长 6m 的天窗，让自然光正好关照位于中心的长餐桌。在建筑西侧面向中间院子的墙上开了 6m 长，700mm 高的水平条窗，它的位置正好在人眼的高度，是为了室内、廊子和院子之间的视线交流。主空间的东侧面向小庭院的墙上开了 2.2m 长的条窗，这样能看到小院里的竹子。

由于预算非常有限，设计必须采用最经济的和易操作的方式来建造：我们将这些水平条窗设计成固定的，中空玻璃直接固定于墙体中，省去了隔热的窗框，窗户因而只对应于视线的要求，它成了一个看风景的洞口，而在每个空间的角部设置的可开启木窗则用于通风的功

左：建造过程，长条窗和可开启木窗的窗洞
右：草图，使用雨水、光、空气、视线等最基本的因素来决定形式

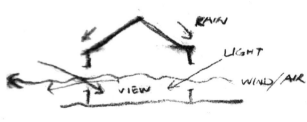

能，这使得建筑里的每个元素都还原为其最单纯和基本的意义，这个启发来自于柯布的拉托雷特修道院，一个物体只有一个功能。

建筑的主体结构最开始设计采用的是钢框架梁柱结构，后来由于预算紧张，改成了砖墙承重、屋面采用三角形轻型钢屋架，这使得开始设计时希望的室内空间完全由面构成一种纯净和抽象的效果打了折扣，但后来将钢屋架刷白后，略带工业色彩的屋架在高 5m 的主空间中并没有显得唐突，反而显得很真实。

建筑的外墙直接采用了捐助厂家 Maxit 提供的 EIFS 系统，这种朴素的墙面挺适合关爱中心宁静、缓慢的氛围。地面也是 Maxit 提供的水泥自流平。屋顶采用了波纹镀锌钢的金属屋面，这种材料中性而含蓄，下雨的时候发出一种幽暗的光泽，它赋予小食堂崭新的特征，并且与原来的乡村建筑环境形成一种对话。

主空间里的长桌子开始设计时长达 7.2m，目的是想让它成为空间中不可分的成分，内部钢框架支撑，外部 MDF 板喷白，后来考虑到空间多用，将它分成了两个 3.6m 长的桌子。

　　远瞻照明为这个项目提供了无偿的照明设计，并帮助找到了灯具赞助商：赛恩公司。照明的想法是为营造相对自然的气氛而采用局部点光源的照明方式，结果是令人满意的，略带舞台灯光色彩的照明在夜晚加强了关爱中心温暖的生活氛围。

　　工程进行到后期时，实际造价早已超过了开始的 20 万预算，荷兰俱乐部又筹集了 5 万，捐助商提供了设备：TOTO 捐助了洁具，比利时 Sancon 公司提供了专业厨具。施工经理王健自己也垫付了 2 万元。

　　在来自各方捐助者的支持下，新食堂经过了一年时间的建造才得以实现。这其中经历了许多波折，包括北侧原有部分校舍在雨季中突然的屋面垮塌和在修复过程中常梦的先生老黄因劳累突然的去世，而工程也因为拮据的预算屡次陷入停顿和遇到施工质量粗糙需要返工的

问题。然而通过所有参与者的努力，这个小建筑在 2008 年 6 月终于实现了。每个阳光的下午，它安静地沐浴在光线中，用丰富的光影变化表达着它的感情，诉说它的过去、现在和未来。

回过头来再看小食堂的设计和建造历程，我发现正是这样一个处于边缘状态而又没有太多利益诉求的项目使得我们有机会更接近建筑的实质，也许这也是它最打动人的地方，它摆脱了建筑往往成为一种欲望符号或媒介的宿命，回到建筑自己，回到起点，变得安静而诗意。

2008/12
（本文小食堂部分原载于 2008 年 12 月《时代建筑》杂志）

TAO原事务所厂房改造

我一直觉得旧建筑改造的迷人之处在于你要挖掘并对待一段历史——如同考古，而旧建筑自身作为物质实体正因其持续的存在使我们体验到过去。因此，不同时间状态在同一物质实体上的并存成为建筑改造项目最有趣的基本特征。同时，旧建筑作为不同历史时期的事件发生的场所，也凝聚了不同时期的记忆。在中国城市化普遍抹去重写的方式中，通过保留一些旧的物质特征的碎片来唤

改造前的厂房

醒这些记忆很有意义，即便是很微小，它也对保存城市的集体记忆有作用，而新介入的部分代表当下的时间特质也会因此更凸显出来。尽管这栋建筑并没有很长的历史（建成不到10年），但保存记忆的原则与历史长短无关，因为记忆在历史中是持续的。

这栋旧建筑位于北京三环边上的青云仪表厂院内。原建筑是一个进深36m、长度100多米的混凝土结构厂房，之前是作为仓库来使用。进深方向每跨12m，面宽方向每跨6.6m，进深方向前两跨为4m高的空间，最后一跨为7.8m高空间，上有吊车轨道过去是用于吊装货物的，地面还铺设有运货用的铁轨。由于已经不再需要仓库的功能，厂区将100多米长的建筑像切蛋糕一样划分成小面宽大进深的条形空间来出租用于办公，这样保证每个租户有对外的入口和采光。因此要改造的空间主要是沿着进深方向，这种切片式的划分导致很难感受原有大空间的尺度。不仅如此，原建筑巨大的结构构件在划分后尺度变小的空间中显得非常庞大，但这恰好形成了一种尺度的错位，使得结构在空间中的力量感被放大。因此，改造当中尺度的历史转换成为一个关键特质，原有的通长工业尺度在转变成更小的办公尺度后，如何还能被体验到？

从保留场所记忆的角度出发，我们希望以前的工业空间尺度仍然能被感受到。从这点出发，设计保留了后面7.8m的高空间作为事务所主要的工作空间，而在从入口一进来4m高的空间插入了一个长24m的夹层，夹层作为一个新介入的体量从入口一直贯穿到工作区，

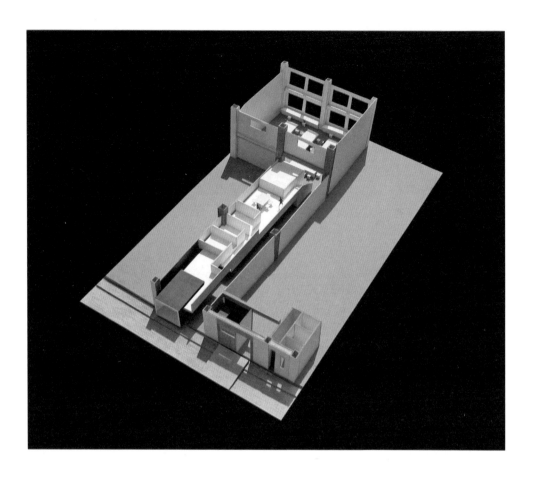

上：模型，整体俯瞰
下：模型，夹层立面

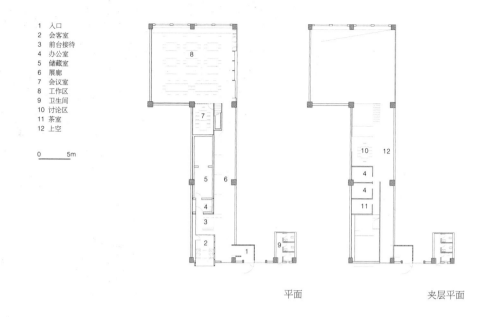

1　入口
2　会客室
3　前台接待
4　办公室
5　储藏室
6　展廊
7　会议室
8　工作区
9　卫生间
10　讨论区
11　茶室
12　上空

0　　5m

平面　　　　　　　　夹层平面

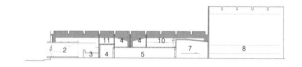

剖面

下层为会客室、会议室、储藏空间及模型展台，上层为只有2.35m高的工作区，夹层上被极度压低的空间与工作区高空间在高度上的悬殊差异，使建筑内部产生了一种很强的张力，高空间的工业尺度被加强，而在夹层上身体得以更贴近粗大的混凝土梁，因此对这种结构的体验也被加强。这些都是原来空间所没有的，正是新旧并置后产生的这种尺度错位在保留历史的同时又带来了全新的体验。

在材料的处理上，设计在前两跨低空间将原建筑结构的白色涂料层剔除，暴露出混凝土结构，尽管看起来这样做并非忠实地保持建筑的历史，但这样做使得结构的力量感因混凝土粗野的物质性得以加强，从另一个角度还原出工业建筑中结构的存在感。新建部分采用的黑色钢板试图与原来的铁轨这一工业遗存找到关联性并赋予新空间一种工业性格。而钢板、磨砂玻璃、白墙和白色橡胶地面等材料强调出新空间体量纯粹的形式，使得新介入元素的抽象性和原建筑结构的物质性在对比中也产生了一种强烈的张力。

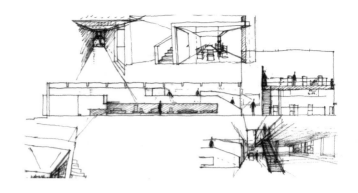

上 | 草图，夹层
下 | 左：从工作区向南看夹层、楼梯及会议室
下 | 右：夹层上的走廊

设计对厂房立面也进行了改造，无框透明玻璃使延伸至立面的内部白色体量清晰可见。会客室作为一个独立元素又从立面上悬挑出来，成为一个展示性的橱窗。将原有大门的油漆面层剔除，暴露出木头材质，以及将玻璃窗上方的混凝土梁暴露，这些小心促成的局部都成为原建筑既曾经存在又被掩盖的历史碎片，来提示建筑的本体特征及其累积的时间特征。

遗憾的是，这个在 2009 年完成的改造项目，在使用了三年之后的 2012 年 4 月于一周之内即被拆除，原因是整个厂区将被开发为高层写字楼。连带抹去的是厂区里其它工业建筑和成片的大树，事务所也不得不搬迁到一个四合院。建筑师试图在建筑改造中小心翼翼保存的历史状态如今也仅仅成为了图片里的记忆。

2012/5

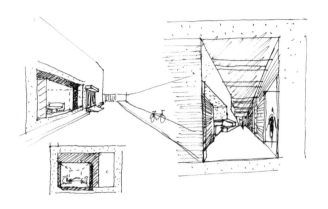

上 | 草图
下 | 左：入口门厅与接待区
下 | 右：从立面上悬挑出来的会客厅成为橱窗

高黎贡手工造纸博物馆

高黎贡手工造纸博物馆的工作开始于 2008 年 4 月，这是一个有益于当地传统资源保护以及促进社区发展的建筑项目。项目坐落在腾冲附近高黎贡山下的一个村庄边上，村子有悠久的手工造纸的历史传统，其生产的纸原料为当地的构树皮，纸质淳厚、富有韧性和质感，当地称为新庄古纸。然而这种纸现实的应用仅限于茶叶包装和冥纸。这个社区发展项目的目的就是通过引入外部投资与本地村民合作，对手工造纸的工艺进行改进以提升纸的质量，同时设计研发纸的产品，扩大手工纸的用途和影响，并借此延续这一传统技艺和文化。而建设博物馆则是一个窗口，起到展示造纸的历史文化、工艺及产品，以及接待访客、文化交流等作用。

　　项目所在的地区无疑是一个本身具有显著地域特征和传统文化的环境。对我而言，在这样一个具有强烈场所属性的乡土环境中建博物馆，建筑的活动也应是当地传统资源保护和发展的一部分。正如造纸的保护发展一样，建筑应当是根植于当地的土壤，并从中汲取营养。而当其开花结果后，反过来又可以丰富土壤的成分。"保护"并不是维持原状，而是通过与当下的结合，促发新的生命力。

　　基于这样一个想法，我们的设计思考开始于对当地气候、建筑资源、建造传统的考察与理解，建筑师希望建筑从建造角度是与"当地"的一种深入的结合，因为建造——而不是形式——才是建筑的地域性最本质的出发点。建筑最终采用当地传统的木结构体系做法，及木、竹、火山石等当地常用材料，并完全由当地工匠来营建，都是基于这一思想。

　　建筑具体形式是对周边环境的回应，空间组织则围绕光线、景观、风等基本元素展开。建筑从尺度上采用聚落的形式来适应场地环境，化整为零，避免体量过大带来的突兀感；而聚落式的建筑在内部又产生了不断室内外交互的空间体验，以此来提示观众建筑、造纸与环境之间密不可分的关系。整个村庄连同博物馆又形成一个更大的博物馆——每一户人家都可以向来访者展示造纸；而博物馆则是村庄空间的浓缩，如同对村庄的一个预览。建筑高度上由东向西逐渐跌落，适应场地周边的空间尺度。展厅的屋顶形态起伏各异，形成了一道人工景观，与周边的山势和稻田相呼应。乡土环境中的建造方式具有前工业时代的手工特征，缺乏现代工艺的处理，使得杉木、竹、火山石及手工纸这些建筑中采用的当地材料，似乎都不那么精致和结实，它们会随着日晒雨淋褪色、干裂、长青苔、变黄，然而正是这种变化赋予建筑一种时间感，使其融入环境当中，就像每次去现场待时间长了，人就会晒得很黑，更像当地人一样。这些自然材料看似缺陷的地方也正是它的美德所在——本质得以呈现。这也如手工纸，看似粗糙，但其质感肌理告诉你造纸的原料、方式等线索，当其变得精致光滑，这些品质也就随之丧失。正是基于此，建筑并不追求基于机器制造的光鲜精致和无可挑剔，而是更注重"还原"和"呈现"的价值。建筑在细节上试图体现真实的建构逻辑：例如在屋檐下梁的位置暴露梁和柱，以及外墙底部的柱础和镂空条石方角，都在提示梁柱而非墙体承重的事实；又如室内屋顶木结构都直接呈现出来；手工纸用于展厅内部墙面的材料，塑造了一个整体抽象的内部空间，使得用于展示的墙面更多成为背景，然而细看纸背后隐约可见的龙骨骨架又暗示了墙体是空透的构造特征。建筑细节在此使建筑具有体现本体特征的文献价值。

当然，形式作为独立的控制因素也使得建造并不总是遵循前述的逻辑，例如展厅墙面上的洞口将玻璃做成与外墙平齐固定且没有窗框，就是为了使其从室内看如同不存在，就是一个纯粹看景色的开洞（因为镂空的条石已解决了通风问题，玻璃窗无需再开启）。而从室外看，展厅的墙面更完整，更抽象。

左：从高黎贡山上看村庄和博物馆
右：从西面看博物馆

左：从庭院看向茶室
右：从室内看向茶室

　　项目从设计到建造前后经历了两年多的时间。习惯于传统营造方式的本地工匠不大会看图纸，因此设计与工匠之间的交流主要通过模型和现场的交流。没有施工图，纸面（设计）和现场（建造）的距离被拉近，且融汇成了一个开放的过程，许多构造做法是过程中与工匠讨论和实验确定的，而非预先设定。最终的做法对工匠们来说是用熟悉的方法做出不同于以往的结果（例如屋面形式要求用榫卯方式处理三道梁与柱交于一点）。他们说盖了这个房子以后什么样式的都可以尝试。这岂非也是对传统木构做法的保护发展？传统不是僵化的，就是要不断更新才具有持久的生命力。虽然木构由于国家整体木材资源有限，注定不会成为未来建造方式的主流。但是在局部地区尤其是乡村环境中，由于其经济性和生态性（尤其是可拆装迁建重复利用的特点）仍具有广泛应用。这一传统技法的更新发展具有现实意义。

　　这个既传统又现代的房子盖起来了，其中最有意义的就是它对于建筑师和当地工匠来说都是没干过的事情，这个过程好像联姻，或者说嫁接，通过它产生了一个新的结果，而对于村子来说，未来的建筑又蕴含了更多的可能性。

2011/3

建造的痕迹——云南高黎贡手工造纸博物馆设计与建造志

建筑

　　高黎贡手工造纸博物馆位于云南腾冲县界头乡新庄村，当地有很古老的手工造纸技艺传统，造纸原料完全是自然材料——构树皮，制造过程亦几乎全为手工过程，造出的纸很有韧性与质感。在新庄，造纸已不仅是门技艺，它还作为一种文化深深植根于村民的心中。手工造纸博物馆将被用于陈列相关器物和展示文献，一则教育村民继承传统，二则向外来访客宣传介绍。建立博物馆的目的是为了保护手工纸制造的古老工艺和文化，而博物馆建筑的建设本身也将成为这一传统文化及其价值观的组成内容，手工纸和博物馆共同构成地域文化的物质媒介。

　　建筑基地南北长 15m，东西长 20m 并有近 1m 的高差，坐落于龙上寨的村口。周边地势东北高西南低，北侧是进村道路，东侧是村子，西侧是开阔的田野，南侧则是一片树林。云雾缭绕的高黎贡山延绵于场地的北、东两个方向，形成一道独特的景观。

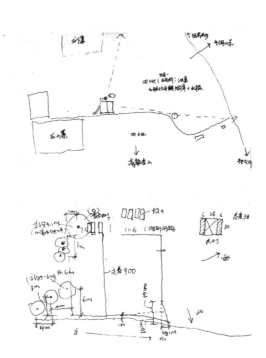

上 | 草图，场地记录
下 | 左：云中的高黎贡山
下 | 右：场地

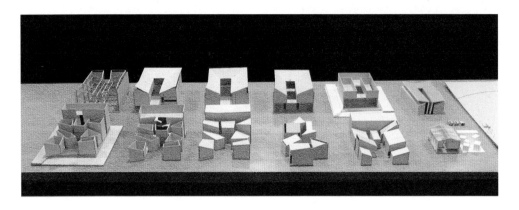

研究模型

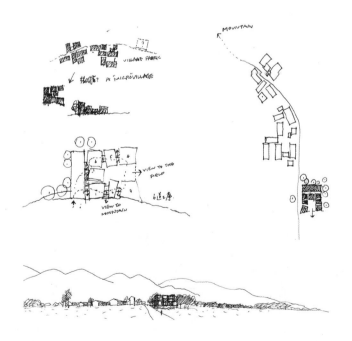

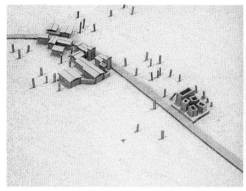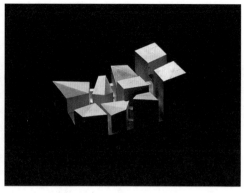

左：场地模型
右：1:100 体块模型

　　博物馆是由几个大小不同的体量高低错落组成的建筑聚落，如同一个微缩的村庄，整体呈 U 型，中间的院子对着西侧的田野和山景。这一建筑集合包括一个 3 层体量（正房），一个 2 层体量（阳台）以及六个独立的展厅，这样的拆解使建筑的尺度变小，更好地融入环境。展厅高度、形状各不相同，分别对应着手工造纸的六道工序，在空间上形成延续的动线。人在其中穿行的时候，间或看到外面优美的自然景色；室内外之间、人工环境与自然景色之间不断交叉转换的观展体验形成一种提示——手工造纸与当地环境密不可分的关系。建筑的每个体量都不规则并略有角度变化，整体上形成一种轻微自然的转折，这来自于场地自身的不规则性以及村落自然生长的形式特征。从整体上看，龙上寨的村落空间连同博物馆又形成一个更大的博物馆，因为每一户人家都可以向来访者展示造纸的工艺；而博物馆又好像浓缩了村庄的空间体验，就像对村子的一个预览。

　　入口设在东边正房的东北角，由于建筑与路距离很近，入口台阶侧向对着东边有两棵大树的空地，这里是村庄入口的一块公共空间。建筑虽小，却具有综合的功能。两层高的门厅与书店相连；顺应场地原有的地形，展厅从东向西逐级而下，在穿越中心的院子后，又折返至入口；中间的茶室面向院子，推拉折叠门可以全部打开，一览田野与山景。二层为工作区，经过室外楼梯可到达三层的客房，中间是一个东西通透、上面有玻璃顶遮雨的半室外空间，向东成为面向高黎贡山的取景框——一处看山的绝佳场所，其在西侧的屋顶露台上可看到展厅起伏的屋顶和远处的田野。

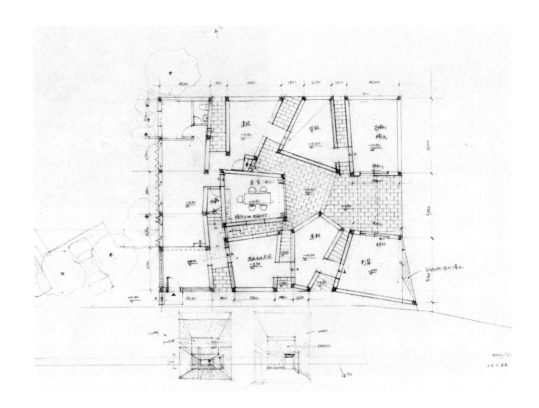

草图，一层平面

思考

这个项目中令建筑师感兴趣的问题有两点：一是手工制造在机器时代的意义与价值，在建筑上又如何去体现；二是建筑的地域性特征如何体现。

第一，手工纸博物馆的设计与建造应当关乎手工造纸这一事物的特征：自然、环保、乡土、人文等。但它的核心价值是什么呢？从现实层面，手工纸是绿色无污染、与环境友善的制造方式；而从内涵层面，它实际是对待自然的一种态度，尊敬自然，也承认事物的生命轮回周期，任何事物都是来自自然，又回到自然，建筑也应如是。

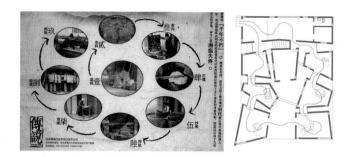

造纸流程（泡料煮料、打浆、抄纸、榨纸、背纸、晾纸、揭纸）与串联六道工序所在的六个展厅的延续动线。

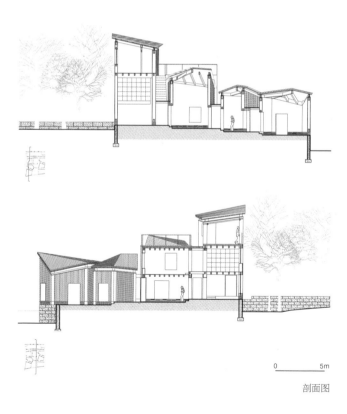

0　　　　5m

剖面图

　　手工纸的文化价值在另一点也有所体现，即其真实性。纸本身反映了劳动的痕迹和其制造过程的特征，因此具有文献价值；建筑亦可如此，如实地反映建造痕迹与特征，强调材料、结构等元素能够还原其本质，亦可理解为一种"在场"(presence)。相对于机器制造使人与物的隔离而造成的一种可以称之为"缺席"的状态(absence)，手工制作可以体现一种"还原"事物本身的态度。然而时处今日，即便是仍处于"前现代状态"的中国乡村，要想拒绝机器的介入似乎既不可能亦无必要，例如石头切割就已经是工业手段了，而砌筑之砂浆中水泥亦是。实际上在手工纸的某些加工过程中，村民们早已经开始使用机器了(如打浆)。这说明用机器替代手工去完成劳动是文明的必然指向。手工纸在环保上的优势实际主要指其无污染(无化学反应和排放)，并非是全"手工"。从这个角度想，这个小建筑或许不需刻意追求"不用一枚钉子"这种教条的建造概念，而可以采用适宜的、符合当地现实的做法。

　　第二，建筑的活动作为地域传统资源保护和发展的一部分，一定应当根植于当地的土壤并从中汲取营养。而当其开花结果后，反过来又可以丰富土壤的成分。"保护"并不是维持原状，而是通过与当下的结合，促发新的生命力。基于对当地环境、建筑资源、建造传统的考察与理解，建筑师希望建筑从建造角度是与"当地"的一种深入的结合，因为建造——而不是形式——才是建筑的地域性最本质的出发点。在采用适宜的材料、技术和工艺，并且适应当地气候的同时，我们希望博物馆全部由当地工匠来建，这样建筑的地域性不仅是形式上

造纸工序，从左至右：晾晒树皮、浸泡树皮、打浆机、打浆、抄纸、晾纸、成品纸

的，而且是一种经济与社会意义上的介入。擅长传统手工建造方式的当地工匠对于现代技术比较陌生，他们甚至不会看施工图。因此如何以当地传统技术做一个现代建筑？建立在工业基础上的现代性，能否在"前现代"的乡土环境中实现？这个建筑是纯粹用当地传统手工方式，还是对工业技术可以兼收并蓄？

建造

2008 年 4 月，我们第一次造访龙上寨。在负责博物馆筹划的村民龙占先（他将是博物馆的第一任馆长）家里，了解了造纸的工艺和流程——选料、泡料、煮料、打浆、抄纸、背纸、晾纸等工序。在周边调查了解了当地传统乡土建筑的建造方式后，与当地的工匠龙占文（他将负责博物馆的建造）交流了当地建筑的习惯做法、可用材料以及价格。由于预算有限，建房子的经济性将很重要。

由于当地有丰富的木材资源和做传统木构的经验，木头成为建筑主要材料的自然选择。木头是有生命的材料，它会随着时间褪色和降解，最终回到自然中，而非如混凝土那样在未来将产生难以处理的建筑垃圾。这也体现建筑对环境的一种"轻"的态度。当地工匠熟悉

上：设计与工匠之间的交流主要是通过模型现场讨论，工匠们现场搭造了 1:6 框架模型，并且与建筑师用电脑工作不同的是，工匠们习惯用纸壳画图
右：草图和笔记，当地建材价格和建造做法

的传统木构被作为结构体系，既充分发挥他们的作用，也利于当地传统技术的延续和发展，而在具体的构造上则可以融入一些现代的做法。屋顶采用当地的金竹，一是可以形成隔热通风层，二是可以创造一个起伏屋顶的人工景观，犹如麦田之上的"竹海"。墙面采用杉木，地面和基础则采用当地常用的火山岩（腾冲的火山地质创造了丰富的火山石矿）。全部采用当地材料，这个建筑将完全属于这里。

在完成设计后，我们带着图纸，第二次到现场与工匠们交流建造的具体方式，由于当地工匠不习惯看图纸，模型和现场草图是最好的交流方式。最初，现场搭造了一个 1:6 比例的木架模型，这样对空间关系和结构有了很直观的理解。每栋单体的不规则给建造带来了一些麻烦，因为工匠们习惯于正交的传统房屋，最终弄清了空间关系以及三道梁与柱斜交的榫卯节点后，问题迎刃而解。接着确定了屋面和外墙的构造做法。

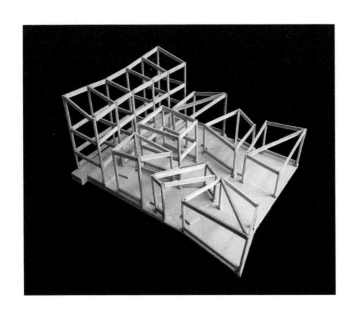

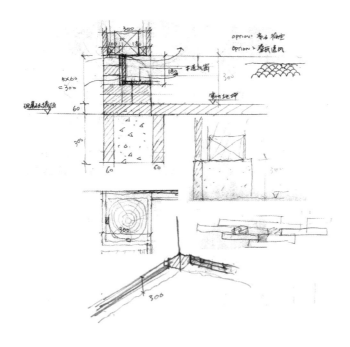

左｜上：1:100 的结构骨架模型
左｜下：草图，墙体下部方角条石镂空的做法
右｜1:25 模型，室内空间效果

　　在设计深化阶段，我们针对结构、空间、构造等问题做了不同比例的研究模型：1:100
的结构骨架模型用以表达每一个体量的梁、柱关系；1:25 的模型研究空间形态及开窗的比
例关系；1:15 的展厅模型则展示了各建筑构件关系，很直观地反映了建构的逻辑。通过模
型还确定了一些细部构造方式，例如展厅的通风通过墙体下部的方角条石镂空来解决（当地
气候一年四季都很温和，因此无需密封），这样使得展厅墙面无需再设开启窗，既节省了墙
面给展示用，同时使立面更纯粹，展厅立面上的洞口只为单纯观景用，直接用整块玻璃嵌入，
没有窗框使其从内部看成为纯粹的取景框；又如檐口下让墙体在梁底的位置结束，使梁和角
部的柱子暴露以揭示是梁柱体系而非墙体承重；外立面上，直接暴露的伞科石（柱础）以及
柱子及楼层位置的整块木板等元素也是为了呈现建筑的框架结构逻辑；展厅室内则考虑就用
当地的手工纸来做墙面，采用 45×45 cm 的木龙骨网格来裱固纸，这样可以使得展览的内
容在模数基础上具有灵活性，同时纸的反射可以使室内的光线更柔和并形成一种氛围。

左：1:15 展厅模型
右：当地材料的应用，从上至下：竹屋面、手工纸墙面、
　　火山石地面、木板外墙面与木门框

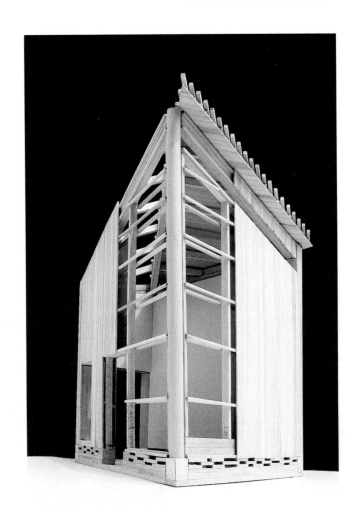

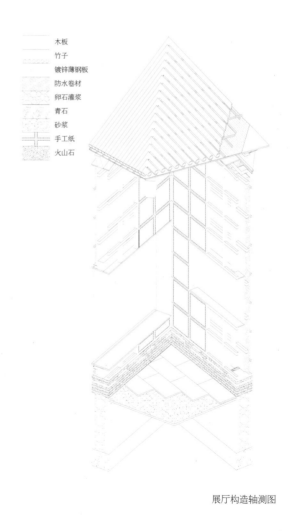

木板
竹子
镀锌薄钢板
防水卷材
卵石灌浆
青石
砂浆
手工纸
火山石

展厅构造轴测图

2009 年 5 月，博物馆开始建设。整个建造过程持续了一年半的时间。雨季、停电、农忙（工匠就是农民，有农活就得暂停盖房子）、以及资金等诸多因素使得周期拉长。后期一些材料和成品都要专门去腾冲县城甚至昆明采购，也使得建造过程比较缓慢（例如玻璃、推拉折叠门窗系统和纱窗等）。这其中，木结构实际只用了两个月，亦可见工人对木构的操控自如。而之后的墙体构造、屋面、室外楼梯、玻璃安装、防水、室内等他们不太熟悉的部分，以及一些需要试验的做法：如火山石上涂刷树脂以闭水以及屋顶龙骨与防水层之间的缝隙处理等，则相对耗时较多。

左：开工仪式
右：基础施工

左：木工工具

右：草图和笔记，由梁柱连接方式引发的关于tectonic(建构)的思考

下：木材加工，从左至右：木匠凿榫、榫卯连接点、楼楞与梁的连接、燕尾榫

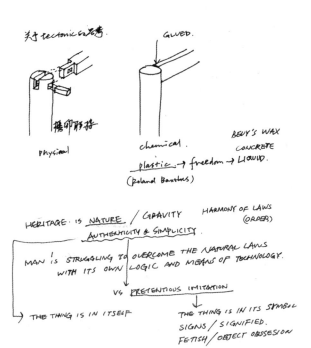

关于 tectonic 的若考.

GLUED.

物理形接

physical

chemical.

plastic → freedom → LIQUID.

(Roland Barthes)

BELY'S WAX
CONCRETE

HERITAGE· IS <u>NATURE</u> / GRAVITY   HARMONY OF LAWS
<u>AUTHENTICITY & SIMPLICITY</u>.   (ORDER)

MAN IS STRUGGLING TO OVERCOME THE NATURAL LAWS
WITH ITS OWN LOGIC AND MEANS OF TECHNOLOGY.

VS <u>PRETENTIOUS IMITATION</u>

THE THING IS IN ITSELF

THE THING IS IN ITS SYMBOL
SIGNS / SIGNIFIED.
FETISH / OBJECT OBSSESION

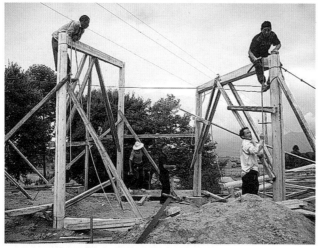

左｜上：拉起木结构
左｜下：展厅结构空中作业
右｜工人进行木结构搭接

不过做完这个房子，工人们都获得了很多新的经验，说以后什么样式的房子都能做。这是否可说项目已起到了发展当地建造手段的作用？另外值得一提的是，龙占先这位被我们戏称为文艺老青年的六十多岁的老人，在整体管理监督博物馆建设上功不可没，在没有驻现场设计师的时间段中（约一半时间），全靠他来组织协调解决诸多采购、建造、维修的问题。整个过程也使我深切体会了乡土环境中建房子在组织上的不易。

结语

　　博物馆的设计遵循着这样的原则：从建筑上应该能够看到建造的痕迹。因为保留建造的痕迹与特征并如实地反映材料、结构等元素的真实逻辑是一种价值。纯粹抽象的建筑形式其建造过程的历史信息就会缺失——这就好比机器造的纸，精致光滑，但缺少质感，也缺少情感；而手工纸看似粗糙，但其质感肌理告诉你造纸的原料、方式等线索，其价值就在于通过"呈现"来提示和延续人的记忆。从这个意义上来说，建筑的结果作为表象只是其意义的一部分，它与其所承载的历史信息一起才构成建筑的全部。因此，我希望这个博物馆能够清晰地"还原"和"呈现"建筑是如何被建造的。在经历了时间的考验后，它或许能够具有考古学上的意义。

2011/5

（本文原载于 2011 年 6 月《建筑学报》杂志）

为博物馆设计的竹条案。竹条案的想法来自木材叠放的方式，采用当地的苦竹，直径约2-3cm，用交叉叠合的方式组合而成，竹子之间通过竹销钉固定，条案用于纸博物馆里的书店，竹子之间也可以挂放一些手工纸。

孝泉民族小学

背景

5·12 汶川大地震使德阳市旌阳区孝泉镇民族小学的教学楼损毁，学校迫切需要重建。孝泉是一个人口 4 万左右的镇，位于德阳西北面，紧邻绵竹，也是受地震破坏比较严重的地区之一。学校的灾后重建得到包括江苏太仓红十字会、广东四会六祖寺慈善普济会、清华—香港中文大学金融 MBA 四川项目援建组、北大汇丰商学院私募股权 108 基金、侨爱协会及四川省光彩事业促进会等来自社会各方的爱心捐助。建设内容包括 18 个班的教学楼、各种活动室、学生宿舍、食堂等，共约 8800m²。

项目的设计工作始于 2008 年 6 月受重建捐助方委托前往震后的孝泉镇进行实地考察。孝泉镇上的房子或倒塌，或开裂成了危房。镇上的房子高度基本为 2~4 层，街道大多五六米宽，街道的格局转折而富有变化，具有历史古镇自然生长的城镇空间特征。小学原教学楼遭地震破坏后已拆除。重建选择了新校址，位于相距不远的一条老街上，校园占地面积 16826m²，比原校址稍小，但需要容纳更多的学生 (约 900 人)。学生人数众多，且很多是进城打工的农民工的孩子，需要提供足够的宿舍和食堂空间供孩子们住校，因此项目的用地条件很不宽裕。场地的西侧在震后搭起了临时板房供孝泉初中部的学生上课，并将一直持续到小学的建筑建成方能拆除。

思考

去孝泉之前，关于灾后重建已经在思考这样几个问题：重建对于灾区是一种跳跃式发展，因为大量资金、技术、意识由外部引入，将使当地突然加速现代化的进程，那么重建对地区传统采取什么态度？大刀阔斧的焕然一新还是谨慎延续空间和生活的记忆？直接由对口援建地区输入的工人、材料和建造手段会让灾区原来的地域特征消失吗？本地人会积极参与到重建中，还是仅仅只是接受重建的结果？本地的建筑业会因重建而发展进步还是只是旁观者？另外重建对效率的迫切需要必然会导致工业化和标准化的建造方式成为主导，这会否导致重建的千篇一律而丧失多样性，就如当年的唐山？

孝泉民小项目的重建资金是来自全国不同地区的社会各方捐助，捐助方同意将资金交由旌阳区教育部门来具体操作小学的重建工作，因此根据当地程序，建造将由德阳当地的施工单位来承建，而非全由外部地区输入。同时新的孝泉城镇规划的定位要求强调孝泉的历史古镇特征。这些外部条件促使我们必须思考这个项目与地域的内在联系。另外没有地方领导违背客观规律硬性要求建成时间的军令状，也给项目留出了空间，不必因单纯追求效率而忽视质量。刘家琨有句话令人印象深刻："地震把当地社会撕开了一个口子"。面对灾难，我们的社会内在机制就像建筑一样被剖开而呈现出其剖面。我感觉重建时建筑师应该去透视这一因灾难而呈现的社会剖面，思考建筑与当地的资源和文化更深层意义上的关系，让重建的建筑活动真正对当地的社会重建有所作用。

　　项目的设计思考从建筑最根本的两个问题出发：空间和建造。

空间

　　传统的学校由于老师少学生多，往往是以管理的便利为核心来考虑建筑格局（这个小学存在类似的问题，这种局面当然与教育财政的投入有关），往往形成集体性、监狱式的空间。我们在考虑空间时，则更多从儿童个性的视角出发，尝试通过创造多样的、分散的和有趣的建筑空间去鼓励小学生的交流和多元的行为模式，因为小学生才是学校的主体。设计将校园按照秩序、兴趣、释放三种行为特征分为三个区域，分别是普通分班教室区、音乐美术等多功能教室群和室外运动场，给课内课外的多种活动提供不同的场所。

7.25. 小学汇报

一. 观点:

1. 震后重建是一个契机: 考虑不仅主解决基本的物质功能问题, 通过建设好学校来促进教育方式和观念的进步, 真正地 "以人为本". 学生是有人文色彩的校园文化. 设计有面向未来, 有前瞻性.

2. 关注学生的视角——学校不仅为老师的管理, 在完成教育的同时鼓励儿童的个性发展. 以及对儿童个性发展多样的尊重.

3. 城市记忆的延续 (避免唐山的教训). 避免重建成为纯粹功能上关的面缺少人文关怀的现代式建筑. 工业刻板. 千篇一律. 反之. 创造. · 地域场所记忆 (建筑空间、尺度). ←── 考虑连续性? · 地域文化特征 (建筑的材料、建造方式、对气候的回应)

左 | 震后孝泉的街道
右 | 上：笔记，设计观点
右 | 下：原教学楼遭地震破坏后被拆除

秩序　　　　兴趣　　　　释放
（普通教室）（多功能教室）（运动场）

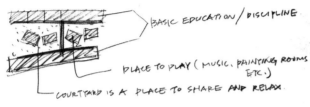

BASIC EDUCATION / DISCIPLINE

PLACE TO PLAY (MUSIC, PAINTING ROOMS
　　　　　　　　　　ETC.)

COURTYARD IS A PLACE TO SHARE AND RELAX.

A SCHOOL AS A CITY

上：概念模型与草图
右：操场与教学区之间

孝泉小学生对未来学校的想象，漂亮的图画却反映出学校建筑在儿童的期待里集中单一的形态特点，这应该与现实带给儿童的记忆有关

设计考虑空间的另一特征是校园作为一种社会空间的复杂性及其与历史的延续性，我们对新纪念物式的建筑造型之宏大叙事毫无兴趣。我们没有把学校仅仅视为一座建筑，而是将校园理解为一个微型城市，它微缩了一个学生和老师的小社会。设计因此营造出许多类似于城市空间的场所：街巷、广场、庭院、台阶等，这些多样化的场所一方面给小学生们提供了不同尺度的游戏角落和有趣的空间体验，试图激发小孩的好奇心和想象力，使他们在游戏中去释放个性。另一方面，这些类型空间在尺度上和形态上都与孝泉镇震前的城市空间相呼应，将有效地延续对城市空间的历史记忆，我们希望基于自然生长形成的孝泉镇所特有的自下而上式的空间复杂性在建筑中得以呈现，并给予个体更多的环境选择，而不是大刀阔斧地借重建之机将原来的城市肌理粗暴地抹去。那种简单覆盖重写式 (overwritten) 的建设对人的记忆和心理有时无异于另一场灾难。

设计在校园布局上将主体建筑布置在整个场地东侧，靠近位于老街上的校门；西侧为运动操场 (这里为震后的临时板房教室占据，这样布局也可避免建筑施工对上课的影响)；南侧新建宿舍楼与原有宿舍楼形成新的生活的院落，食堂则布置在西南角，与原有厨房结合在一起。

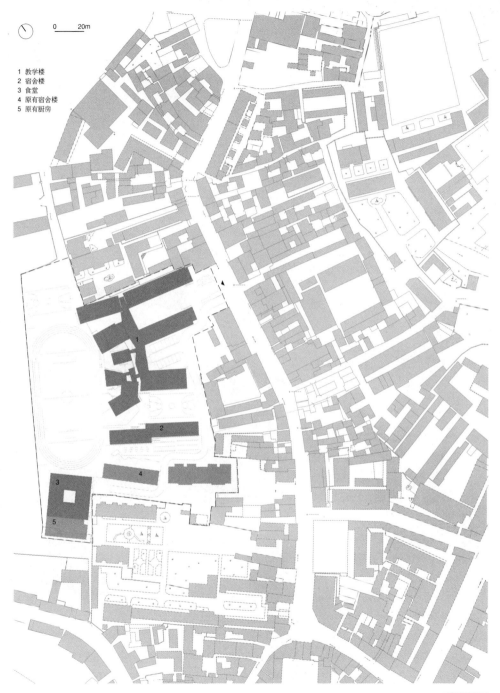

0   20m

1 教学楼
2 宿舍楼
3 食堂
4 原有宿舍楼
5 原有厨房

区域总平面

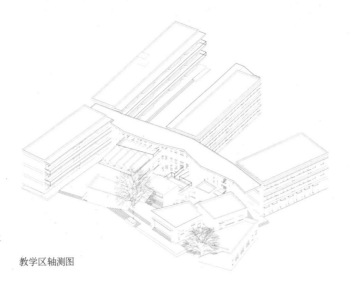

教学区轴测图

    主体建筑主要由三部分组成：东侧部分包括两栋基本教学楼和老师办公楼；西侧部分包括计算机教室、语音教室、阶梯教室、美术教室、社团活动室、游戏廊、音乐教室、两个自然实验室及其准备室等多功能教室群。东西两部分的中间则是一条横贯南北又轻微曲折变化的连廊将所有功能区联系起来，我们称之为"脊椎"。脊椎既是交通、交流的空间，又起到导风和遮阳的作用。

    东侧基本教学楼和老师办公楼的建筑高度为3层，主要考虑庭院适合儿童的尺度比较亲切，避免建筑过高带来的压抑感，且有利于疏散。两栋基本教学楼之间的庭院正对着校园主入口，形成一个具有仪式感的空间，可以举行升旗、做操等相对正式的集体活动。

    西侧的多功能教室群的形态高低错落，如同一个微缩城市，形成了如街巷、台阶、檐廊、庭院等丰富的空间类型，成为教室楼和运动场之间的过渡地带。可上人的屋顶平台延伸了建筑中可活动的户外空间。

    校园中原有的两棵大树被保留，一棵将近20m的皂角树成为正对核心庭院和大台阶的景观，大台阶既是联系教学楼和操场及食堂的通路，又是多种活动的场所，台阶可供做游戏、读书、集体照相、看比赛等。大台阶下面是社团活动室，其南侧是一个游戏廊，内部有几个大小不一的角落，上面的天窗与大台阶联系，这个小空间促发了很多的儿童活动：写作业、踢毽、捉迷藏等，建成后学生非常喜爱，被称为"石屋"。

上：脊椎及其连接的教学楼

下：走廊课间

1 40 mm 细石混凝土
　防水层
　30 mm 水泥砂浆
　60 mm 混凝土垫层
2 40 mm 细石混凝土抹平
　180 mm 钢筋混凝土楼板
3 495 × 495 × 50 (mm) 预制混凝土板
　115 × 115 × 200 (mm) 砖砌支座
　4 mm 防水层
　20 mm 水泥砂浆找平层
　50 mm 保温板
　30 mm 水泥砂浆
　180 mm 钢筋混凝土屋面板
4 40 mm 细石混凝土
　60 mm 混凝土垫层
5 40 mm 细石混凝土
　10 mm 水泥砂浆隔离层
　防水层
　20 mm 水泥砂浆找平层
　240 mm 钢筋混凝土屋面板
6 120 mm 黏土青砖
　200 mm 蒸压加气混凝土砌块
　15 mm 石膏抹灰
7 实木开启扇
8 5 × 40 (mm) 钢栏杆
9 30 mm 实木座椅

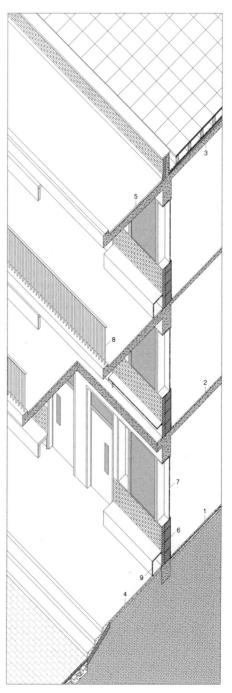

教学楼墙身轴测剖面图

上页：脊椎和大台阶之间的平台
左：操场与教学区之间的街道空间

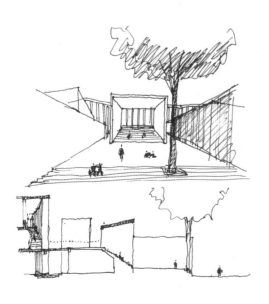

多功能教学区局部 - 大台阶，工作模型、草图与实景

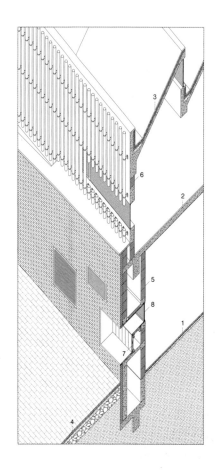

1 40 mm 细石混凝土
  防水层
  30 mm 水泥砂浆
  60 mm 混凝土垫层
2 40 mm 细石混凝土抹平
  180 mm 钢筋混凝土楼板
3 40 mm 细石防水混凝土
  隔离层
  4 mm 防水层
  20 mm 水泥砂浆找平层
  50 mm 保温板
  110 mm 钢筋混凝土屋面板
4 240×115×53 (mm) 黏土砖铺面
  20 mm 水泥砂浆粘结层
  100 mm 混凝土
  300 mm 卵石
5 120 mm 黏土青砖
  200 mm 蒸压加气混凝土砌块
  200 mm 蒸压加气混凝土砌块
  15 mm 石膏抹灰
6 ø100 mm 竹子
  防水涂料
  200 mm 加气混凝土空心砌块
  15 mm 石膏抹灰
7 20 mm 实木板
  30×40 (mm) 木龙骨
  防水层
  20 mm 木衬板
  100×60 (mm) 轻钢龙骨
8 双层中空固定玻璃窗

阶梯教室墙身轴测剖面图

通往操场的街巷空间一侧的阶梯教室墙面上的窗洞通过充分利用墙厚而处理成凹入的"儿童家具",可容纳很多偶发的儿童集体游戏活动,使得这一空间并非仅仅是通过性的。这些错落的窗洞在室内则形成了丰富的光影效果。中间的"脊椎"是一个联系所有功能的长廊,其朝向操场一侧用连续的 1m 进深的混凝土立柱序列形成一个三层通高的柱廊空间,遮挡西晒的同时,创造丰富的光影效果和视觉层次。三部直跑楼梯联系上下楼层,几个"连桥"穿越高空间将二三层的走廊和美术教室、自然实验室、大台阶、以及屋顶平台相连。一层在柱廊与楼梯之间设置了条形的水池,使空间更为活跃。在水池边观鱼也成为学生最喜爱的课间活动之一。

老师办公楼的一层是阅览室,其南侧设计了凹入较深的细窄长窗户,为了遮阳并避免外面操场打球碰撞玻璃,内部则形成阅读的角落。

阶梯教室墙面的窗洞成为"儿童家具"

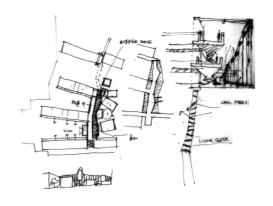

上：草图，脊椎空间
下：从脊椎空间向街道空间看

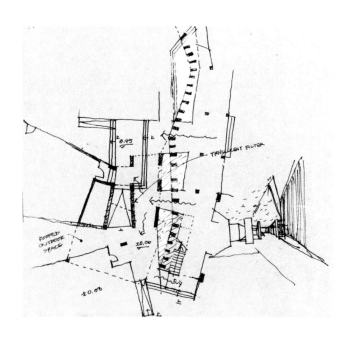

左：草图，街道空间
右：街道空间

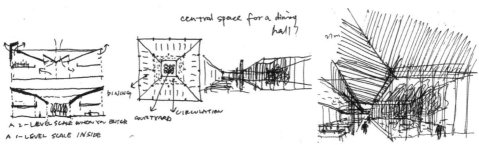

食堂的设计考虑到通风和光线的需要，做成一个中间有内院的方形体量，与原有的厨房相连成为一个整体。内聚的坡屋面使庭院尺度相对亲切，在内部则形成了由高到低尺度变化的空间，竹吊顶加强了这一空间内聚的印象。立面窗户的设计充分考虑小学生的身体尺度并与之相呼应，视线、通风、遮阳分别在不同高度解决。

1　40 mm 细石混凝土
　　150 mm 卵石
2　自流平
　　20 mm 水泥砂浆
　　1.5 mm 防水层
　　30 mm 水泥砂浆
　　60 mm 混凝土垫层
3　自流平
　　20 mm 水泥砂浆
　　150 mm 现浇钢筋混凝土楼板
　　ø100 mm 竹吊顶
4　35 mm 镀锌钢板波纹屋面板
　　50 mm 保温层
　　50 × 30 (mm) 木龙骨
　　30 mm 水泥砂浆找平层
　　现浇混凝土屋面
　　ø100 mm 竹吊顶
5　240 mm 黏土砖
6　双层中空固定玻璃窗
7　木遮阳板

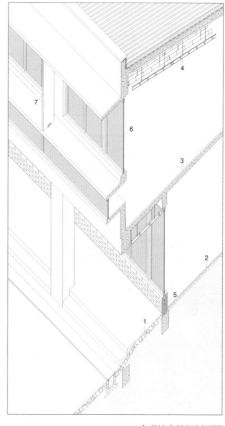

食堂墙身轴测剖面图

左 | 上：食堂立面
左 | 下：草图，食堂
右 | 食堂室内二层

建造

与大量援建项目直接由外地输入工人、材料、技术不同，我们在这个项目致力于实现一个高度本地化的建筑过程。回应本地气候，对本地材料、工艺的充分利用，采用本地适宜的建造手段等构成了建造的核心内容。

具体而言，设计主要利用的当地材料包括页岩青砖、木材、竹子等，地震后砖作为基本建材在灾区非常紧缺，所用的砖来自于德阳附近的数个砖窑，每一批质地都略有不同。恰好由于建筑体量分散，用在不同体量上也还比较自然，且可分期施工。木材加工则在孝泉很有历史传统，有很多资源可用，门窗采用实木门窗，固定扇为玻璃，开启扇为木头，立面效果整齐干净。竹子也来自当地，主要用在外墙面及吊顶，起到隔热和视觉丰富作用。此外，地震后回收的旧砖也用于景观工程中的地面和座椅等，使其象征性地参与到重建中获得再生的意义。

建筑主体结构采用现浇混凝土框架体系，外露的梁柱和混凝土墙体以清水方式处理，填充墙为外层清水砖墙和内层保温砌块的复合墙体。上述元素在主体建筑立面上均清晰体现出其交接关系，反映出建构体系的逻辑。宿舍楼则是一个完全的砖混承重的楼以节省造价，外部用青砖包裹，构造柱、窗过梁、楼板等构件在立面上均清晰可见。也是希望体现建构的清晰性。

　　项目于 2008 年 12 月奠基，2009 年 4 月动工，2010 年 9 月竣工。施工方华西鲁艺建筑公司来自德阳当地，在建造中非常尽心尽责，对保证建造质量起了很大作用。尤其是清水混凝土的浇筑，在并没有太多过往经验的情况下，通过现场对模板支护细节和混凝土强度等级的几次实验摸索，总结出有效的技术手段，确保了最终的效果。当然混凝土施工也不可避免地存在许多失误和缺憾，例如开始的浇筑时间控制导致的墙面肌理不匀，模板分格的错误以及局部浇筑时暴模等。为了弥补对粗糙表面进行了打磨处理，局部形成一些墙面的特殊质感均得到保留和呈现，这种施工当中的痕迹倒也体现出当下建造的一些特征，反而丰富了材料本身的叙事性。整个项目最终的建筑工程造价在 1500 元 / m² 以下，很好地实现了整体预算控制。

　　重建的孝泉民族小学已于 2010 年 10 月投入使用。

2011/4

（本文原载于 2011 年 5 月《Domus China》杂志）

附，孝泉民族小学的小学生们对新学校的一些描述：

走进学校，呈现在眼前的是一栋栋错落有致的教学楼。我像进了迷宫似的到处乱窜，好像热锅上的蚂蚁，可总找不到路。一想到自己以后就要在这里读书了。就兴奋得一蹦八丈高，到处参观。——六年级五班　李　欣

一个个窗子都被改造成了一个个乘凉的木板房，舒服极了。阅读室旁边有很多小台子，我们可以在那里坐着看闲书，很舒服。——五年级一班　李竺蔓

我们学校还有一个有趣的地方——"防空洞"，其实那只是几个用水泥做的休闲台，下课了，我们都在里面看书、做游戏……里面还有几个瞭望口，我们做游戏躲在里面还可以通过瞭望口看到外面——音乐厅。走廊的中部有一个从教室到操场的楼梯，这是个高高矮矮的，错落不一的楼梯，同学们像小兔子一样，在矮的楼梯上蹦蹦跳跳地玩耍，还有的同学在高的楼梯上坐下看书。——五年级二班　陈佳宇

新学校是一个美丽的城市。我觉得我们校园里应该有图书馆，可以了解课外的奇怪和美丽。——四年级一班　蔡思琪

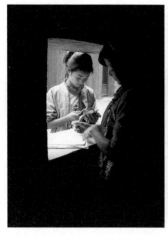

　　来到教学楼前，你一定会百般疑惑，这该怎么走呢？对啦！教学楼是迷宫式的，每走一步就会思索一会儿。——六年级六班 万 瑶

　　到新校园之后，就出现了"新"同学，以前同学们的活动空间都是较小的，现在增大了，同学们的野心也增大了。常常是一玩就必须玩过瘾，而且满头大汗，上楼梯都还有时头重脚轻；来到新校园，许多同学心中都充满了好奇心，书包一放下，脚就发痒，硬是约上几个同伴，兴致勃勃地探访校园。哪一处都要走过，每一处几乎都要摸过。之后心情便才舒畅，得意洋洋的样子，欢跃的心情，每一次转完校园，每个人都会这样。——六年级五班 杨 凉

　　往楼上走，那墙上还有大大小小的形状，什么正方形、长方形都有。有时，坐在那里聊会儿天也好，可有的同学看了，却说："这些人教书都教疯了，数学图形都弄到墙上来了！"——六年级三班 朱俊禅

　　学校给我的第一印象——大！这所学校，不知有多么大，像一座迷宫似的，第一次独自去玩的时候，走在一个觉得很深的地方。上课了，也找不到回教室的路了，感觉烦，但在我与母亲交谈、融洽之中，慢慢地把这个缺点，倒变为了我的兴趣！——五年级四班 谭 鑫

身体作为媒介

——对孝泉民族小学生的问卷调研与对谈建筑师华黎

李若星

1 前言

四川德阳孝泉镇民族小学是华黎的代表作之一。基于地震灾后重建的背景和小学的功能属性，空间设计聚焦于两个设想：记忆和趣味。记忆是对地震前城市空间的延续，趣味是对小学生校园生活的丰富。华黎以建筑语汇实现设想的方式隐含着一条关注身体的脉络，场所、形式、材料和尺度，设计依据身体感受而非视觉被确定下来。使用者是否能够感受到建筑师的原初设想？建筑师如何将自己的设想向使用者传达？

2013 年 10 月，笔者与 16 名三、四、五年级的孝泉民族小学学生相约在校园里，以一对一开放问答的方式进行对谈，而后与华黎在迹·建筑事务所就调研成果进行对谈。在两个对谈的比较中，问题的答案呈现出来。

2 对孝泉民族小学生的问卷调研（节选）

问题一：这座建筑与你曾经生活的学校是否不同？有何不同？

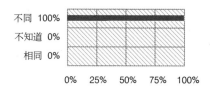

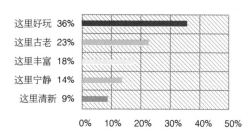

问题二：你是否喜欢这座建筑的混凝土？你对这种材料有什么感觉？

问题三：你是否觉得这座建筑有趣？如果有趣，为什么？

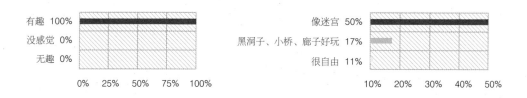

问题四：你最喜欢这座建筑的哪个地方？

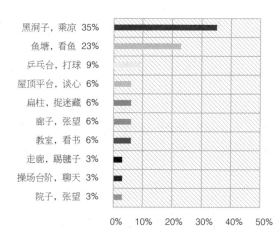

孝泉民族小学最受欢迎的地方平面示意图
（受欢迎程度由浅至深依次增大）

1 体育器材室
2 计算机机房
3 计算机教室
4 卫生间
5 教师值班室
6 普通教室
7 阶梯教室
8 社团活动室
9 游戏廊
10 音乐教室
11 乐器室
12 滑梯
13 连廊
14 自然实验室
15 准备室
16 阅览室
17 宿舍
18 值班室
19 连廊(脊椎)

0   10m

首层平面图

3 对谈建筑师华黎

3.1 记忆的营造

李若星：孝泉民族小学的设计理念之一是对古镇记忆的重塑，如今生活在其中的小学生们表达出在这座建筑中感受到古老的氛围（问题一 31% 的学生回答孝泉民族小学与原来学校的差别在于感觉古老）。据孝泉民族小学铎校长说，您设计之前在孝泉镇调研多日，请问通过调研您从孝泉镇提取出哪些特性？如何呈现在现代建筑中？

华黎：调研主要是看小镇的空间结构、建造方式和材料资源，我提取出的主要是古镇的曲折形态和尺度。古镇自下而上生长所得的形态是弯曲的，而不是笔直的。有些破坏严重的地区灾后重建会重新规划路网，那一定是因为人工化直线能强调效率。孝泉镇因为土地私有化，政府没那么强势，所以路网及小镇空间结构在震后重建中还能保留。我的方法是从设计的角度有意识地在形态上体现自然生长的状态，与小镇肌理产生联系。这是为什么孝泉民族小学的建筑平面是折线形的，还有很多小体量扭转形成不同的角度。此外，项目身处小镇肌理当中，场地本来的形状也是特别不规则的，曲折也是场地赋予建筑的特性。而且带有转折的空间对人的行走体验具有一定的引导性，我在佛罗伦萨跟当地建筑师谈到中世纪城市空间的转折，也讨论到行走是延续的，有探索的欲望。

曲折形态之外是尺度问题。灾后的街道具有明确的尺度特点——6m 宽的街道，两边是 1 至 2 层的建筑。我觉得学校里的新建筑的尺度跟这个差别不能太大，不能出现特别大的建筑。建成之后我认为设计中做的最重要的一点是坚持建筑没有做到 4 层，只做到 3 层。如果做到 4 层，院子尺度会变得太压抑。孝泉小学的另外一处分部没有被地震伤害，是 4 层，我调研的时候去看过，院子里挺压迫的。我们这个项目用地本身比较小，密度压力更大，控制高度的话更不好做。但是尺度非常重要，我们再从别的地方来寻找解决方法，比如布局。尺度本身就是跟身体有关的，是外物与人体的尺寸比例关系。尺度不是绝对的，而是相对的，在英文中与比例尺是一个单词（scale）。但是中文说尺度往往被理解为尺寸（size），忽略了与身体的关系。

李若星：混凝土在这座建筑里的使用曾经引发争议，但是调研中几乎所有小学生们都表达出对这种材料的喜爱（问题二 94% 学生喜爱混凝土），并且是他们感受到这座建筑有"古老的感觉"的原因之一，他们还喜欢混凝土的滑滑的、凉凉的触感和不均匀的肌理（问题二 25% 的学生表示混凝土有古老的感觉，69% 的学生表示混凝土的触感舒服）。您怎么看混凝土这种现代材料给使用者的带来的"古老的感觉"？

华黎：混凝土这种材料虽然很现代，但是跟时间的关系很奇妙。我今年 6 月回去看的时候这座建筑已经建成 3 年，我感觉混凝土比刚建成的时候还更好了，更旧一些，但是不像是该维护的那种旧，是更成熟的一种旧。涂料旧了会有要维护的感觉，但混凝土会变得更舒服。混凝土不会过时，路易斯·康 (Louis Kahn) 在 20 世纪 70 年代的建筑在 30 年后的今天仍然觉得很经典，很多材料 30 年之后肯定不行了。这个项目的施工队是当地的，没有做混凝土的经验。施工能力的限制让这里的混凝土不像安藤的那样精美，有缺陷的痕迹让它感觉已经有时间的积累，而完美得像是新的。换成别的材料，小孩子肯定没有这个感觉。

3.2 趣味的营造

李若星：孝泉民族小学的另一个设计理念是营造空间趣味，小学生们能够明确感受到这座建筑有趣 (问题一 63% 学生回答这座建筑与原来学校的差别在于它"很好玩"，问题三 100% 学生认为这座建筑有趣)，他们说这座建筑像迷宫一样，让人兴奋 (问题三 56% 的学生回答这座建筑有趣的原因是"像迷宫")。迷宫的感觉与"脊椎"两侧遮挡视线的一系列扁柱关系密切。您当时做这一系列扁柱是什么初衷？

华黎：设计扁柱是出于两个层面的考虑。一个层面跟空间有关，扁柱能够阻挡你看周围。你在行走的运动中透过扁柱之间的空隙看到的景物是变化的，这样"脊椎"的内部和外部的空间联系也是不断变化的，能够提供更多变的空间感受，并且产生想要看清就要继续运动的刺激。另外是技术层面上的考虑，"脊椎"长面朝西，扁柱能够起到遮阳的作用，也能够增加光和影的感受。

李若星：您很注重让新的建筑与古镇的小尺度保持一致，但是扁柱却设计为三层通高，产生了孝泉镇里不曾出现的尺度，这其中的矛盾是出于什么想法？

华黎：做高空间是我在调研期间就产生的想法。孝泉镇另外一个没有被地震影响的小学里基本都是常规的空间，只有一个小门厅是两层高的，我当时就觉得这个空间挺好。小学的老师跟我说这个没用，但是我觉得有用，这里的感受不同，小孩如果能有这样的体验以后对空间的感知会不同。所以当时就想应该给小孩超出日常体验的空间尺度。始终生活在正常尺度的空间里，你的空间想象力会比较乏味。有个说法是"设计工作室的创造力跟空间高度有比例关系"，所以我们把工作室搬到了一个高空间 (笑)。高空间里人比较放松，会有更多的感受。路易斯·康说在 10 英尺高的空间和 100 英尺高的空间中沐浴的感觉肯定是不一样的。用途不都是看得见，写在脸上的，是对人心理的一种影响。我自己上过的小学没有这样的体验机会，我想给学生一个机会。我理解阿尔瓦罗·西扎 (Alvaro Siza) 的建筑跟人体的比例是超常规的，才会打动人。西扎特别喜欢画草图，超常的比例加上奔跑的人，在我印象中他是这样的。

一般建筑的比例会是 1:3，1:5 之类的，但是西扎做 1:30。这种超长的比例会产生时间感。就像加长车的车头开过去了，身体还在这里。我认为西扎的形式来自于身体体验的感受和记忆，我一直有这种强烈的感觉。

李若星：这座建筑里有很多街巷、台阶、檐廊、庭院之类的小场所，这些小场所是学生们觉得这座建筑有趣的重要原因 (问题三 39% 学生回答这座建筑有趣的原因是黑洞子、廊子、小桥好玩)，也是他们最喜欢的地方 (问题四学生们回答黑洞子、屋顶平台、廊子等是最爱的场所)，设计这些小场所是出于何种考虑？

华黎：全校 900 个学生至少一半是住校的，他们 24 小时都在学校。学校应该给他如同生活场景的感觉，而不仅仅是学习的地方。尤其是地震之后，小镇毁了很多，我想让他们在学校里溜达时跟在小镇里的感受一样。有意识地形成与孝泉镇空间有相似性和关联性的空间感受。

李若星：小学生们能够敏感地发觉每个场所适合的活动 (问题四学生对最喜爱场所的回答都包含对其中活动的描述)。您在设计时对空间的使用有什么设想？

华黎：空间能够给人的活动带来可能性，在这个项目里想创造多样的室外活动的空间。我们设想会有很多行为在大台阶上发生：聊天、玩、看大树和院子、拍集体照、作为实际的楼梯连接二层和操场。学生们在调研中回答你，他们喜欢在天台上谈心，我在设计上想不到那么多，实际使用中会产生更多故事和行为。也许孩子们觉得天台没人打扰，那就说点儿悄悄话，这可以理解为一些空间原型或类型——天台、巷道、庭院、台阶。空间原型给人基本的联想，比如巷道就是用来追逐的、天台就是用来聊天的、台阶就是用来坐的。在空间原型的基本作用之上又有一些设计中没有设想到的变化。空间有了之后，提供了各种行为的可能性，剩下的事是使用者自己的解读。我上次去看到小朋友在石头屋里玩，把我逗坏了。他们把石屋里的椅子当桌子写作业，还把腿卡在椅子下面做仰卧起坐。天窗可以被当成滑梯，还有个孩子直接当成床在上面睡觉，极度狭小的空间也给他们乐趣。建筑师在设计时考虑一些使用方式，在建筑投入使用之后会产生更多的方式，使用者会自主界定一些功能。小孩没有定式，会去用身体做各种尝试。我觉得很有趣，对建筑师有启发。

4 身体作为连接建筑师与使用者的媒介

在华黎对记忆和趣味的营造与学生们感受到的 "古老" 和 "好玩" 之间，存在着一个沟通两者的媒介——身体。华黎一直强调精神感受的产生根源在于身体，身体的感知是最初的刺激。这与知觉现象学家梅洛·庞蒂 (Maurice Merleau-Ponty, 1908-1961) 的观点相合，他主张人类一切认知都来源于身体经验，因而身体和思想 (心灵) 是不可分割的整体，身体同时具有肉体性和精神性。梅洛·庞蒂以身体的意向性替代意识的意向性，使每个人的身体都成为"主 - 客体"，从而破解了主观与客观之间的隔阂。在建筑设计中，建筑师的审美与使用者的审美往往存在着差异，而身体的感知是具有普遍性的，是建筑师和使用者共同的经验基础。身体由此具有了沟通建筑师和使用者的能力。

身体具有被动和主动的双重属性，它以感知功能 (sensory function) 接受环境信息的同时，也以活动功能 (motor function) 探索和改变环境，而身体的感知功能和活动功能都具有引发感受的能力。华黎在孝泉民族小学的设计中同时关照到了这两种身体引发感受的途径：身体在曲折的廊道中行走的感受，身体被古镇相似尺度包围的感受，以及不完美的混凝土引发的丰富触感共同传递出"古老的感觉"；身体移动时从扁柱间看到的景致实时变化，原型场所诱发自发性的身体活动，以及熟悉的与陌生的尺度并置共同传递出"好玩的感觉"。

在实际项目中营造身体感受的基础是先要在设计过程中想象身体感受。华黎的工作方式是以手绘草图和手工模型推敲方案："模型和手绘是跟身体感受更密切相关的工作方式，会更好地还原人的感觉。建筑师的创作过程太抽象，更多依赖于思考和概念层面，是一种推导，设计出的只是一种形式，往往会忽略人的感受，尤其是身体感受。当人们真正进入其中，感受上就会有问题，因为在设计的时候，你都没有去用心感受，那谁能在其中有很好的感受呢？"藉由手绘草图和手工模型，建筑师以自己在身体活动中获得的真实而直观的感受作为设计依据，形成体验与操作互为因果的设计过程。这构成了在形式和空间语汇操作之外另一层次的设计——从身体出发对感受的设计，这是建筑师的设计理念得以向使用者有效传递的一种方式。

2013/12

(本文原载于 2014 年 4 月《世界建筑》杂志)

水边会所

原始场地

　　基地位于城市郊区环境中的一条小河边，项目的功能先期是为河对岸地产项目的展示、接待、洽谈等服务，而未来如何使用则不确定。场地中看到的主要是一种自然特征，延伸的地平线、天空、河心的小岛、静谧的水面和茂密的芦苇形成了一道颇具意境的风景。这样一个场地，我想建筑出现的意义首先是给人创造一个看风景的空间，同时建筑自己也成为风景的一部分，因此看与被看是建筑首要处理的关系。

　　从看风景的需要出发，自然而然会想到做一个透明的建筑，可以让人在内部最大化地去体验外部环境。这类建筑的原型基本可以抽象为由顶面和地面两个水平面界定的空间，垂直界面可以全是玻璃而不需要实体墙，正如密斯的范斯沃斯住宅。因此能否做一个只有水平面而没有垂直面的建筑？

　　展示和交流等功能本身的开放性和流动性让我想到一个游走式的空间。因为单纯静态地看风景只是一种视角，而游走可以创造远近高低各不相同的景色，更丰富。要实现游走的目的，在建筑规模是一定的前提下，首先想到的方法就是把建筑从一个正常比例拉长，使其成为一个进深很小但很长的线性空间，这样实现了两点：既可以延长游走的感受和与外部景色接触的界面，又因为进深减小而使空间在任何地方都很透明。而且当这样做以后，建筑具备了一种柔性，它就像爬行类软体动物一样可以在地面上蜿蜒和转折。基于内部功能最终要形

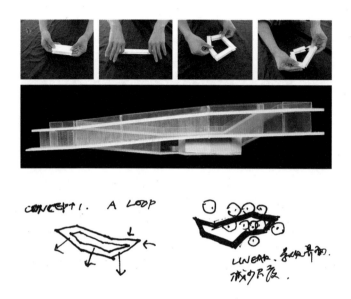

上：概念模型及草图
　模型由范斯沃斯别墅原型，经过拉伸、环绕、折叠，得到建筑体量
右：从东面河岸看会所

成一个闭合的流线，在把建筑拉长后又让它环绕起来形成一个闭合的环，这样一来在建筑中间又形成了一个围合的庭院，给空间和景观增加了一个层次。在拉长和环绕这两个动作之后的最后一步，则是让这个环状的建筑在剖面上起伏，这样一是建筑在滨水处可以降低以非常贴近水面（场地的地平与水面有将近 2m 的高差，而降低后临水平台的底面只比水面高 10cm），而在别处则抬高形成看远处风景的高点，这样一来在建筑高低相错处恰好形成可以走出屋面的地方，使得屋面成为观景空间从室内到室外的延伸，在屋顶的环路走一圈，恰好也实现了充分感受周边环境的展示目的，提供了感受周边环境和建筑形态的不同视角。

　　建筑在形式上重要的一点是：屋面与地面是平行的两个水平面，而所谓地面实际是由与

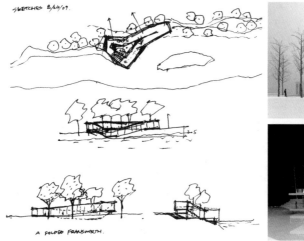

场地脱离的漂浮的楼板形成的，这一方面是让建筑作为一个连续水平形体的形态得以完整，场地中的水和潮湿则是让建筑抬升的物理原因。此外，场地的软性地基要求整个建筑结构是由框架柱支撑在深入地下的桩基之上的，这也使建筑由柱子架起而漂浮在场地中的意象成为最能提示场地特质的合理姿态。

　　整个建筑被玻璃所包裹使建筑的物质性很大程度已被消解，但是作为水平构件的两层楼面仍然有很强的存在感，尽管远看它只是两道线条，这样一个人造物在自然背景中无论如何还是会凸显出来，因而索性选择用白色来塑造其更为抽象化的形式，以弱化它的物质性。

　　在建构层面，为了强调水平方向的透明，尽量弱化了柱子这样的竖向构件，最终的柱直径只有14cm，而且被处理成金属灰色，与水平构件的白色不同，以弱化它在视觉上的存在。

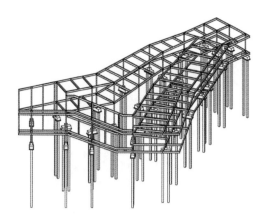

左｜草图与 1:100 工作模型
右｜上：钢结构框架示意图
右｜下：从南面看会所

左 | 从门厅看坡道
上 | 左：放映厅的台阶
上 | 右：从屋顶平台入口看庭院

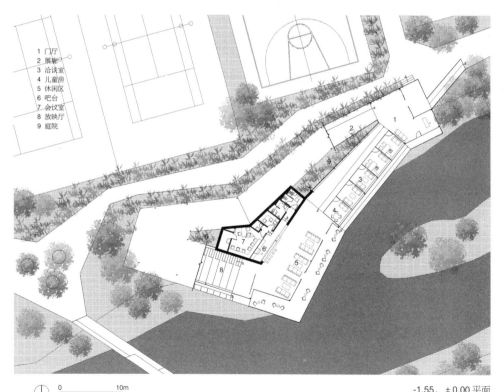

1 门厅
2 展廊
3 洽谈室
4 儿童房
5 休闲区
6 吧台
7 会议室
8 放映厅
9 庭院

0   10m

-1.55，±0.00 平面

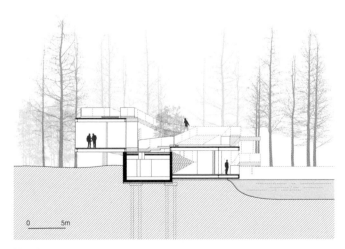

剖面图

超白玻璃幕墙也采用上下固定竖向无框的做法。这样一来，建筑远看就几乎只看到两层水平向的楼板了。从这个意义上，建筑已经把它的实体感减到最小了。构造上将所有的空调管道穿梁以将楼层构造厚度做到最小，让水平构件显得更轻（屋顶本身的斜度恰好解决了冷凝水管找坡的问题）。室内的洞石地面、清水混凝土挂板，以及半透明夹丝玻璃隔断等材料，都是为了强化纯粹和抽象的美学。

　　最终的结果可以看到，在一个开阔和具有强烈水平感的场地中，建筑以曲折的形态在树丛中与水岸边自然地"游走"，时而贴附于地面，时而又轻轻抬起，使人可以在不同高度和视角来体验周边环境的同时，创造了建筑与场地以一种非常"轻"的姿态相接触的形式意象，建筑在场地中既是看景的容器，又是被看的景。在一个具有场所氛围的场地中，建筑以一种谨慎的态度来介入，在不破坏原有意境的基础上，让人、建筑、景观合而为一，正是这个设计的初衷。

2011/8

左：屋顶平台入口
右：屋顶平台

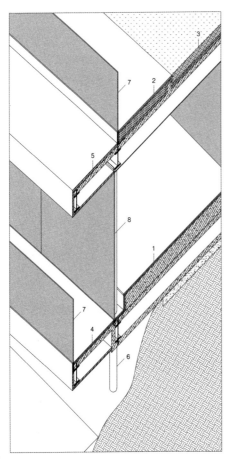

1 30 mm 超白洞石石材板
   20 mm 水泥砂浆结合层
   300 mm 钢筋混凝土楼板
   100 mm 钢筋混凝土板
   300 × 150 (mm) 工字钢梁
   100 mm 钢筋混凝土板
   防水涂料
2 30 mm 预制混凝土砖
   3 mm 隔离层
   20 mm 细石混凝土保护层
   150 mm 陶粒砌块
   防水层
   50 mm 保温层
   隔汽层
   100 mm 钢筋混凝土屋面板
   石膏板吊顶
3 173 mm 种植土
   30 mm 细石混凝土保护层
   防水层
   50 mm 保温层
   隔汽层
   100 mm 钢筋混凝土屋面板
   石膏板吊顶
4 30 mm 超白洞石石材板
   20 mm 水泥砂浆结合层
   100 mm 钢筋混凝土楼板
   300 × 150 (mm) 工字钢梁
   40 mm 保温板
   3 mm 白色氟碳喷涂铝板
5 3 mm 白色氟碳喷涂铝板
   防水层
   50 mm 保温层
   隔汽层
   100 mm 钢筋混凝土屋面板
   300 × 150 (mm) 工字钢梁
   40 mm 保温板
   石膏板吊顶
6 140 mm 钢柱
7 12 mm 钢化夹胶玻璃栏板
8 16 mm 钢化夹胶玻璃幕墙

墙身轴测剖面图

右 | 上：建筑的结构先在桩基上立起钢柱

右 | 下：建造过程照片可以看到漂浮的体量与下面混凝土体量之间的 10cm 的
         缝隙，遗憾缝隙最终被施工方粗心地填掉，导致轻盈感大打折扣

街亩城市——『田园城市』和『物我之境』

田园 —— 真实自由之路

田园是一种返朴归真的状态，还原事物本来的状态。它是一个去符号化的过程，和一种抵抗异化与分裂的手段。田园不是概念的堆砌，而是事实本身。田园是一种发现，而非粉饰。

田园是一种自由精神，但不是浪漫主义，是对人作为独立个体的尊重，解除权威枷锁的奴役，而重新获得创造力的机会。田园可以让我们跳出资本、消费、话语、体制等圈套和陷阱，重新审视事实。

因此田园并不限于场地或物理空间的概念，而更多是一种精神状态。身处城市，人亦有可能达到田园的状态，而不一定非要采菊东篱下；身处看似田园的环境中，亦有可能并不真正自由，反成为欲望的奴隶。

建筑与田园的交集因而呈现在其精神层面而非地理位置。城市建筑可以是田园的，乡村或田野建筑反而不一定是田园的。建筑的田园精神状态或许可以理解为两重含义：还原并呈现真实，以抗拒事物意义的错位和乱用；对权威心存警惕，以避免进入无意识状态的媚俗和盲从。

"物／我" —— 形之上下

"物／我"可以理解为形而下和形而上。"物我之境"即是不割裂形而上和形而下的关系。形而上并不具有天生的道德优势，形而下往往蕴藏了朴素的真理。在建筑中，形式是形而上的，建造是形而下的。从建筑角度的"物我合一"之境即是不割裂形式与建造的关系。抽离了作为物质基础的建造内涵的形式营造必然丧失其与现实的内在联系，走向纯然的诗化，这种不接地气的"我"境对社会只能从美学层面建立文化上的影响，这种抽象的标准一旦意识形态化并取得某种话语权（例如现代主义），往往又导致形式主义的盲从；而根植于现实意义的建造则通过在"物"的层面上透视社会现实提出批判和形成创新，并可藉此创造新的美

学。因此建筑中的形而上的抽象美学不应脱离形而下的物质基础，二者的分裂必然导致形式
的空壳化，意义的误读，进而形成虚假僵化的文化。道德的过于泛滥往往伴随着对现实的忽
视和践踏，因此我们必须尊重"物"的现实性和自然规律，警惕"我"的恣意妄为。"物我"
的合一之境只有当二者真正建立内在联系，并互为因果来推动相互进化时方能实现。

乡村 / 城市 —— 重与轻

当下的中国乡村并不等同于田园，将乡村视为田园仅是一种带有浪漫色彩的诗化。乡村
相对于城市是"重"的，"重"是接近真实的，但没有太多选择的自由，被束缚于土地上。
城市相对于乡村是"轻"的，看起来有很多方式可以选择，但实际很浮、很空、转瞬即逝。
而从另一个角度看，乡村又是轻的，它对于环境是尊重的，对自然规律是"知天命"式的遵从，
是注重可循环和可持续的；城市是重的，它是傲慢的，基于不断扩张的欲望而蛮横武断的为
所欲为，对环境持续地留下不可修复的影响。

城市与乡村的结合将具有重要意义，乡村将通过交换享受更多生活的可能，城市将通过
回归土地寻找失去的真实；乡村可以给人类发展提供休养生息的广袤空间，城市可以学到如
何控制人的欲望并保持与自然的平衡。这一结合将带来我们理想中的"田园城市"——内在
融合的田园城市其真正意义当然不在于只是田园要素与城市要素在表象上的混合，而在于一
种健康的、公平有效的内在机制的建立，促使城市乡村通过互惠互利而共同迸发新的活力。

2011/6

（本文为 2011 成都双年展国际建筑展中 TAO 实践展序言）

半山林取景器

刺槐林之中的基地

　　建筑师与场地的相遇就像人的相遇，有些场地在你第一次看到它的时候就会打动你并且吸引你。半山林取景器的基地就是这样的一个场地，2010年初，一个雪后的冬日，我第一次走访这个基地，这个处于威海塔山公园半山上的基地藏匿于一片刺槐林之中，冬天的刺槐林掉光了叶子，干枯的黑色枝杈扭动出一股顽强的生命力，与白雪覆盖的地面一起营造了一幅抽象的画面。整个山坡基本都被刺槐林覆盖，显现出一种难得的自然原生状态。远处的城市与海在树林的缝隙间若隐若现。从基地继续向山上爬到山顶后空间豁然开朗，整个城市与海的宽广景色尽收眼底，包括远处的刘公岛，曾经的北洋水师海军基地，冬日阴沉的天空与海的灰色调渲染出一种肃穆，契合于这个城市沉重的历史。从山顶俯瞰这块基地，则几乎无法发现它，因其完全隐没在了树林中。业主是园林局，这个房子的功能就是一个服务于公园的景观建筑，里面可以用于展示、茶室等也不是很确定的功能。

　　不同于那些在推掉重来的城市化进程中比比皆是的如一张白纸的场地，这个场地有着很强烈的氛围和场所特质，我想建筑的介入当然也应该是谨慎的和细心的，避免对场地的意境造成破坏。所以首先想到要尽可能保留场地当中的树，而树又很密，建筑只能见缝插针，建筑的平面因此在对现状树的分析后自然呈现为三个枝杈，分别用于茶室、展示、办公的功能，而三个枝杈分别指向城市的三个景观：刘公岛、海港、环翠楼，使这个小的景观建筑如同取景器一样与城市建立起紧密的视线和心理联系。

草图，俯瞰观海平台与林中的台阶

　　场地中透过树林隐约呈现的城市以及山顶开阔的景观让我意识到，如果从现有地面上升一定高度就会创造一种由被树林包围到豁然开朗见到城市与海的空间效果。所以将建筑的屋顶利用起来做成一个观海平台的想法浮现出来，因此剖面上建筑结合山地的地形半嵌入坡地中，一个宽阔的大台阶将入口与屋顶平台联系起来并使屋顶成为地面空间的延伸，一棵被保留的大树正好位于台阶上，起到提示和邀请的作用，从台阶经过树下拾级而上到达豁然开朗的屋顶——一个景色绝佳的观海平台，这里可以看到城市与海的关系，成为可以欣赏风景和户外健身的场所。

　　从入口标高通过台阶下半层进入建筑内部，则到达茶室、展示和办公空间，三个空间的体量均呈筒状延伸并悬挑于山坡上，筒状空间因着空间的方向性而加强了取景的意味。同时混凝土筒体本身作为结构使得巨大的悬挑成为可能。这个建筑从山坡下面看有着比较大的悬挑，看似试图挣脱重力的束缚，但从山坡上看它完全就是地面的延伸，在不动声色中把人带到海的面前，让人在此一抒胸臆。场地中原有的大树全部得以保留，建筑在平面上是"挤入"了树木之间的空当，使场地的意境和氛围得以延续。这也是这个建筑最想做的——在塑造新的场所的同时能够延续场地的精神，而正是建筑本身对场地的尊重，才成全了场地周边的整体环境。

2012/11

剖面图一　　　　　　　　　　　　　　　　　　剖面图二

《南方都市报》第三届中国建筑传媒奖获奖访谈

南都：在你自己看来，"青年建筑师奖"这一重要奖项颁给你是在表彰、肯定哪一方面？

华黎：我觉得应该是在肯定我在建筑设计中体现的对人的关注吧！而不是单纯的建筑专业层面的表彰。

南都：你提供的大多是完成学业十年左右的作品，你是否认为，十年之后的作品，是更优秀、更成熟的？

华黎：就像我之前说的，在建筑的道路上，我走了很多弯路。现在的我对建筑的理解和观点也是近几年才逐渐形成的，最近三年尤其明显。我觉得建筑应当保持对生活在其中的人的关注而不只是建筑本身，这样的作品会是我比较认同的。

南都：十年的时间实在不短。以你的个人经验，青年建筑师怎样才能更迅速地成长起来？

华黎：最重要的是，坚持你自己真正感兴趣的、真正想做的事情，并且珍视自己。如果能坚持这一点，我想就能成长。如果更深地去理解建筑，你会发现它的乐趣。如果只是当成工作，或是追求名利的工具，你会觉得它枯燥。

南都：相比之下，你的作品商业味都不浓，食堂、小学、博物馆等比较多见。这是否与你个人的价值取向有关？

华黎：应该是吧！我选择项目最主要的一个判断标准，就是我希望能通过这个建筑寻找到一种场所意义。什么叫场所意义呢？举个例子，如果有一个开发商的项目，房子是拿去卖的，他自己都不知道房子将要卖给什么样的人去住，他们有什么需求，而你也不能准确想象使用者会怎么使用这个场所，这样的项目我会兴趣不大。很难挖掘人的需求，仅仅是做一个空壳。

南都：但这类项目盈利会更可观。

华黎：没错，做这种项目的出发点就是盈利，但我对这类项目天然兴趣不大。比如学校、食堂、博物馆等，这些都有清晰的场所意义，真正让我可以去做建筑。对我来说，做建筑不仅有物质上的需要，更要有精神上的需要。

南都：这个取向会随着时间和环境的变化，而有所改变吗？

华黎：只要我还做建筑，应该就不会变。如果我不再做建筑了……那就说不定了。

南都：除了建筑之外，你还有其他感兴趣的事？

华黎：如果我不做建筑，说不定我会去写作（笑）。

南都：如果某个商业项目有合作意向，应该也有考虑的空间吧？

华黎：商业也是为人服务的，我并不会仅仅因为一个单纯的概念或是意识形态的东西，而去拒绝某一类建筑。事实上，我们也有会所、餐厅等商业的项目，像我们现在就在北京一个公园里做一个会所。但我希望业主方对场所意义有比较明确的界定和想法，这点非常重要。

南都：从业这么久，你个人最满意的是哪一个作品？

华黎：这个很难讲，因为每个作品都有它的优点和不足的地方。如果从社会意义的角度来讲，我会觉得高黎贡手工造纸博物馆和孝泉民族小学更好一些。一个是体现了建筑的地域性与传统文化的关系，另一个则体现了建筑能给教学带来的可能性。

南都：高黎贡手工造纸博物馆也入围了最佳建筑奖，你当时为什么会考虑接手这个项目？

华黎：一开始是因为兴趣。当时有两个朋友找到我，一个是做传统文化和非物质文化遗产保护和研究的，他了解这个村庄四百年造纸历史的传承；另一个是做平面的，他对怎样把纸的产品保护下来很感兴趣。一开始我们的目的是保护、发展、延续传统的手工造纸业，而我对这个建筑本身的期待是，它既是对传统的延续，同时也是要去发展它，这个观点和我们对手工造纸传统的态度是一致的。

在我看来，我们对传统的态度应该不仅仅只是为了保留它，更重要的是去发展它，包括改进它的工艺、产品，让它更能够进入我们当代的生活。对于任何传统的保护方式，都不应该是像木乃伊一样把它放进博物馆，而是让它能真正进入到我们的生活。传统不是死的东西，它能真正地为我们所用，才能真正地去保护，这也是我做这个项目的一个深刻体会。

南都：在保护并发展传统上，高黎贡手工造纸博物馆是如何实现的？

华黎：我们充分利用当地的材料，采用传统的榫卯木结构，并由当地工匠来建这个房子。但它又不是简单的去复制，它的形式是经过设计、在传统的基础之上又能体现当代元素的，这也给当地的工匠出了很多难题，它让传统也能考虑去发展、研究，做新的尝试。我觉得这是一个嫁接的过程，让现代和传统双方都能找到综合和学习的地方。

南都：我们参观过大大小小的许多博物馆，其中展示的占多数。高黎贡手工造纸博物馆除了展示之外，还有哪些可与外界互动的空间？

华黎：高黎贡造纸博物馆虽小，但它在使用功能上是复合的。它一方面是展示，另一方面也是个工作站，二楼设置工作区，可以开展造纸艺术研究、培训等，三楼还有休息区。它是多功能的建筑。我希望博物馆的建筑活动能够让当地的人、资源、技艺以及意识充分介入。

南都：当地人怎样看这个建筑？怎样看待这种"介入"？

华黎：刚开始很多村民还会觉得它奇怪，与众不同，骨子里觉得它是外来物。但我们没必要忌讳，这个工作是一个结合，外来与本地的结合。最重要的是，它会给村子带来很多新兴的元素，给他们带来新的生活。如果我们不做这个事情，也是可以的。村子里的人不会觉得有什么不同，也许手工造纸技艺会消亡，他们也许并不会太在意。但我们做了这件事情，使得他们多了很多交流，比如游客、建筑师、喜欢造纸的人与他们交流，他们也可以做一些相关的产品出售。博物馆提供了互动的空间，它产生了意义。

南都：它带给你本人的意义在哪里？

华黎：于我个人而言，在建造它的过程中，它让你感受到了乐趣。正是因为有这个过程，你才能了解当地。建成之后的博物馆影响了一些人的生活，也许这种影响仅仅只是开始。

南都：就像本届建筑传媒奖杰出成就奖获得者陈志华老先生讲的，我们自己的本土建筑已经在慢慢消亡了。

华黎：首先我们要认识到，更多的传统很难避免消亡或被改变的命运。因为任何传统都是基于一个时代的，它一定会变化。比如高黎贡手工造纸博物馆，我们用传统的木结构，但是这是在当下的环境下采取的策略，很可能不用十年的时间，那里就不再有木结构的房子，那个时候你再做木结构，那就仅仅是一种怀旧了。因为它已经离我们当下的生活远去了。

我认为传统应该是不断演变的而不是静止的东西，而只有这种传统才能持续地跟我们在一起，建筑也是一样。

南都：那我们应当怎样来沿袭传承？

华黎：在日本，他们保护建筑会先把建筑拆掉，再一块块拼装起来，他们保护建筑就是在了解建筑。传统建筑怎样延续和保护，我个人比较强烈的感受是，保护不是像文物一样原封不动地去恢复它。建筑的意义离不开人的生活，如果建筑还是那个建筑，但生活在里边的人变了，那建筑的意义也变了。

南都：反过来我们看看新建筑。现在全国各地地标性的建筑很多。大多力求标新立异，而且颇为庞大。对这类建筑你的态度是怎样的？

华黎：社会应该是多元的，建筑也应当是多元的。所以标志性建筑也是建筑的一部分，它也有存在的理由。它和给老百姓使用的建筑都有存在的理由，但它存在的理由不应该是以压迫或剥削其他的群体或建筑的利益为前提。因为很多地标性建筑是对资源的过多占有和浪费，这个我觉得是它的问题，集中某些资源、放大某些东西。它是消费主义的产物，旨在吸引人的眼球。

南都：当这些标志性的建筑越来越多，甚至成为潮流的时候，这会是建筑发展好的方向吗？

华黎：当出现这个现象的时候，这已经不是建筑本身的问题，而是社会机制的问题。标志性建筑是一种乌托邦，它想传达某种概念、意识形态，它不是平实地为人服务，有太多虚幻的东西。从我个人来讲，我觉得它可以存在，但我不会感兴趣。

南都：你有一篇文章纪念你在耶鲁大学的导师雷蒙先生，里边提到他的一句话："用你的才能，而不是表现你的才能。表达，而不是表现。"这句话是否可以体现你对这类建筑的观点？

华黎：可以这么理解。我认同建筑不是为了去 show off(炫耀)，它应当是能去关注人的需求，关注每个人的需求，而不是某一类人的需求。因为整体的是抽象的，比如我不会认同有"我们的幸福"这一说法，只有你的幸福、我的幸福、他的幸福，而不存在我们的幸福。建筑不就是为了让人获得幸福吗？

南都：说说你近期正在做的事吧！

华黎：近期在做两个项目。一个是幼儿园，这是为孝泉小学的捐助方做的私立幼儿园。另一个是在北京做的工业厂房改造，改造后将成为电影中心，是个包括导演工作室、剧院、沙龙、餐厅等综合性能的空间。

南都：作为建筑工作室的合伙人，你是否有中长期的规划？

华黎：我觉得建筑就像遇到一个人，有点需要缘分。比如可能觉得有点意思可以做，那我可能就做了。你能怎么规划呢？难道你可以预期到，我能遇见谁、谁、谁吗？我没有长远的规划，顺其自然是我当下的想法。

2012/12

（本文原载于 2013 年 4 月出版《走向公民建筑》一书）

武夷山竹筏育制场

九曲溪竹筏漂流

背景

　　武夷山作为世界自然和文化遗产，每年要接待大量游客，旅游业成为当地主要产业。九曲溪竹筏漂流是武夷山旅游中一个重要项目，游客乘坐竹筏沿九曲溪顺江而下，武夷山核心景区的风景可以尽收眼底。竹筏是一种南方常见的水上交通工具，历史悠久。武夷山的竹筏采用当地毛竹制作，一般一张筏由8根毛竹制成，长约八九米，宽约1m，漂流时将两张筏并成一张，上置竹椅，可乘六人，由两名排工撑船。由于江水湍急，竹筏会与江边的岩石发生许多磕碰，加上竹材本身易腐，因此竹筏寿命一般在半年左右。而竹筏漂流接待的游客数量巨大（每年120万人，最高日接待量7600人），竹筏损耗也巨大，因此每年都需要制作大量新竹筏。

　　竹筏制作是一种传统工艺，每年11月份采集毛竹,削皮晾晒一个月左右之后可用于制作。制作分三道工序，头两道是烧弯，就是用火将竹子的头和尾烤软后弯制，分别形成筏头和筏尾。一般是先弯筏尾，然后交给下一人弯筏头，筏头弯曲大，弯制时间较长。弯制之后的第三道工序就是将毛竹绑扎在一起制成竹筏。过去当地的竹筏制作都是手工作坊模式，大多散

布于九曲溪沿岸。竹筏是排工的个人财产，由排工自己去市场购买毛竹然后交由制作作坊来进行制作。近年来，由于传统作坊分散于九曲溪沿岸会产生一些垃圾倾倒河中不易管理以及烧制的烟雾污染等问题，武夷山旅游管理公司希望能建设一个让竹筏制作相对集中，以利于环境保护和生产管理的设施。项目选址在星村镇乡间的一块台地，为一废弃砖厂的旧址，距离漂流码头约3km，竹筏在这里制作好后由卡车运输至码头下水。根据任务书，竹筏育制场主要由三栋建筑构成：毛竹仓库、制作车间、办公宿舍楼，并且要提供足够的竹子晾晒场地。按照计划，每年冬季有两万多根毛竹在此晾晒后放入仓库储存，之后于一年内在制作车间被加工成1800张竹筏。而办公宿舍楼则为工人和管理人员提供生活服务。

地域

　　设计之初，我们对当地的建筑资源和建造方式做了调研。武夷山地区过去有很多体现地域传统的建造方式，例如当地乡间砖厂普遍运用的竹结构，用轻盈、简便的方式实现较大的跨度，体现了高超的传统建造智慧，令人印象深刻。其他如村落里的木结构、夯土墙等，亦充分体现就地取材的特征。但如今大多数建造都已采用工业化方式，包括乡村地区均以现浇混凝土建造体系为主。传统的竹、木、夯土等基于自然资源的建造因为不能满足现行规范也无法进入主流建造体系。建造之地域性的特点因为处在向工业化转变的时期而变得模糊不清，就像绑扎竹筏过去用绳索，现在使用铁丝，也是工业化的结果。当地甚至还有人一度提出用玻璃钢来仿毛竹制作竹筏的设想，理由是更耐久，只是因为当地毛竹资源非常丰富才作

左一：传统作坊
左二：竹子烧制
右一：当地乡间砖厂普遍运用的竹结构
右二：当地混凝土空心砌块

罢。由此可以更好地理解地域性建造实际就是地方资源条件变化导致传统不断演变的结果。只是武夷山地区的工业化程度不高（主要发展旅游业和农业，工业基础实际相对薄弱），建筑业仍辅以大量现场和手工建造方式。

　　基于项目所处的地域条件，以及项目预算较低（竹筏厂作为制造单位本身不能直接产生经济效益，因此业主想要严格控制造价），设计一开始就立足于充分运用当地资源来建造，结合对当地材料、施工条件的调查以及厂房防火的要求，考虑用钢筋混凝土现浇体系以及当地非常普及、可以就近生产、且价格便宜的混凝土空心砌块作为可能的主要材料来建造。

场与厂

　　一个有意思的事情是竹筏育制场的项目名字有时会误写为育制厂，厂和场一字之差，却恰好开启了对项目场所意义的思考。厂一般来说指一个生产性的功能空间或区域，而场意味着一个领域，暗含了其与环境、行为的关系，以及内部各要素之间的关系。"场"暗含的意义将思考引领至场地以及每栋房子的场所特质，例如地形、风、光、景观、氛围等等，以及它的建设与环境的关系。而"厂"指涉着工业建筑单纯的功能性会拒绝多余的东西，这样的建筑应该是直接了当不说废话的，厂的建筑应该具有一种朴素性格，它应该回到对采光、通风、尺度等非常本体的建筑问题的思考，而在建造层面也可以更清晰地表达结构与材料的性格。

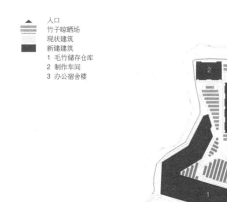

入口
竹子晾晒场
现状建筑
新建建筑
1 毛竹储存仓库
2 制作车间
3 办公宿舍楼

0   50m

总平面图

1:500 整体模型

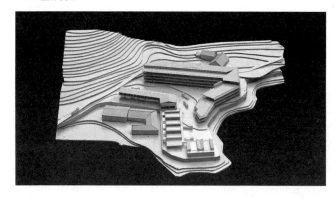

东北面夜景

规划

　　建筑布局主要结合场地特征和当地气候来考虑，用地呈不规则的 T 字形，北部比较狭窄。由于三栋建筑都需要很好的通风，因此窄进深长条状的建筑是自然推导出的选择，建筑呈线性被布置于场地周边，以增大通风的界面，并在中间围合出空地作为毛竹晾晒场和周转区。仓库布置在场地南边的山脚下这一侧，保证整个场地在面向开阔田野的方向上空间不被阻断。制作车间布置于场地北端的东、北两侧，处于下风头，减少烟气影响。办公楼与仓库相对布置，让出正对厂区主入口的庭院，保证主导风向不被阻挡。围绕晾晒场形成车行环路，便于竹筏的运输。处于台地上的建筑体量的高度也由南往北逐渐降低，与山势、田野、和周边的建筑相协调。

毛竹储存仓库

　　仓库是最大的一栋建筑，它的体量是由要容纳 22000 根 9m 长的毛竹决定的。仓库高度由南向北逐渐由四层跌落到两层，与北侧一层的车间尺度相适应。仓库的实质是毛竹居住的房子（人只是去里面取用），通风是最重要的，要保持竹子的干燥防止发霉腐烂，所以毛竹的排列在平面上与主导风向一致，与建筑的方向形成一个角度，这样做同时减小了建筑的进深（如果毛竹垂直排列建筑进深将达到 27m，对采光通风都是很不利的），有利于改善内部采光，且便于取用。

　　毛竹的排列方式自然衍生出建筑立面的做法——对应毛竹存放单元序列用立砌的空心混凝土砌块墙形成了折线锯齿状的通风外墙（建筑没有保温要求），这样保证风进入每个单元沿着竹子缝隙穿过以实现最好的通风。沿每层楼板出挑的每层屋檐则防止雨水进入，同时在立面上形成连续的横向线条，以加强建筑的水平感，弱化其四层尺度的压迫感。建筑采用混凝土框架结构，主要柱网的尺寸是 6.5m，适应于毛竹排列角度。

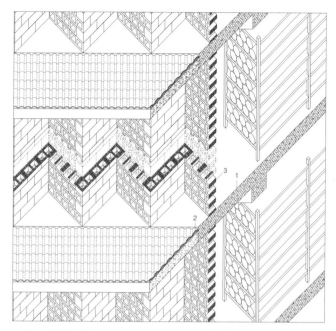

1　300 mm 钢筋混凝土楼板
2　波形瓦
　　水泥砂浆卧瓦层，最薄处 20 mm
　　200 mm 混凝土板
3　190 mm 清水混凝土砌块砖

毛竹储存仓库墙身轴测剖面图

1:50 毛竹储存仓库局部模型，毛竹的排列方式与立面立砌的空心混凝土砌块
墙呈对应关系

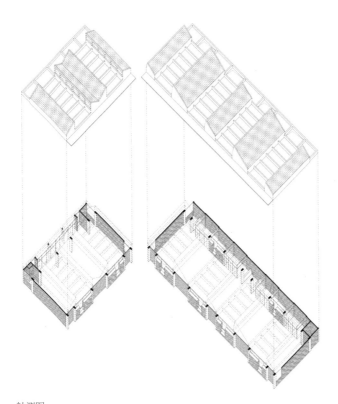

轴测图

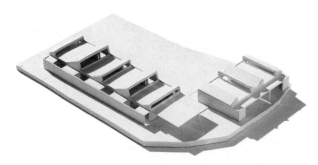

制作车间工作模型

上 | 制作车间西面外观
下页 | 左：小车间室内
下页 | 右：大车间室内

制作车间

  制作车间内的平面布置基于竹筏制作工艺的流程。如前述，每个制作单元有三名工人和三道工序组成：烧尾、烧头、绑扎。为了便于毛竹的传递，三道工序需要垂直于毛竹方向并列在一起，这样传递距离最短。毛竹在烧制中还需前后移动，所以要有一个进深足够大的工作空间。根据毛竹长度和移动距离，车间形成了一个进深方向上达 14m 的大跨度空间。在长向上则根据工作单元的数量灵活组合。大车间为东西向，容纳了四个工作单元，长度达到 50m；小车间为南北向，容纳两个工作单元，长度 27m。两栋车间呈 L 型布置，便于运输。

大车间剖透视

1 原料堆放
2 烧尾
3 毛竹交接
4 烧头
5 扎排

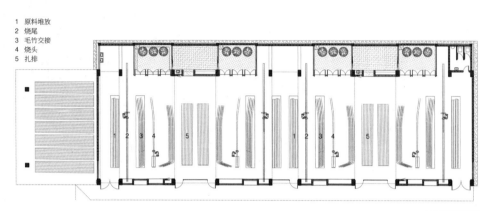

大车间平面图

大车间室内

　　由于建筑进深很大，处理光线分外重要，要尽量利用自然光，同时又要避免眩光。我们通过观察工人的工作方式，发现烧制时因为有明火，并不需要太多自然光，周边暗一点，反倒可以保证工人的专注度。而绑扎则不同，需要比较明亮的环境。建筑在剖面上的设计就是基于这个观察，在烧制区域，由平的屋面板形成净高 3.6m 的空间，只有少许自然光从侧面进入，相对较低和较暗的空间保证工人在烧制时对火点的专注。而毛竹准备区和绑扎区则采用侧高窗引入天光（其中大车间采用北向高窗；小车间的侧高窗为南北向，因此侧面玻璃处理成垂直以防止直射眩光），形成柔和的漫射光环境，建筑在剖面上因此形成了平屋面与斜屋面、低空间与高空间间隔布置的节奏，并直接体现到外部形态。起伏而有节奏的建筑屋顶造型在暗示内部使用的同时，也与周边山势产生了一个有趣的对话。在构造层面，屋面结构全部处理成反梁，这是为了在室内形成由楼板形成的面来塑造更纯净的空间效果，减少了梁的视觉干扰，空间更多成为背景，可以让人在其中更专注。

在平面上，则区分出服务和被服务空间，主工作空间是一个 14m 跨的无柱空间，成为被服务空间，它的一侧是进深约 3m 的休息区作为服务空间，两栋车间休息区的处理因朝向不同而有所不同，大车间朝东侧与相邻茶厂距离很近必须设防火墙，因此休息区形成间隔布置的内向庭院，提供内向景观以及采光通风。而小车间的休息区正好面向北边的田野，因此北侧全部透明，将外面的景色引入。

主空间另一侧则是利用混凝土结构柱的 1m 进深形成的服务墙，即在结构柱之间通过混凝土砌块墙体的正反凸凹形成的凹龛座椅和设备空间，这样可以在墙的内外两侧给工人提供休息处，并隐藏了消火栓和水池等设备。墙与柱的齐平使柱隐没，空间里因此感觉不到柱的存在，使工作空间更完整。在服务墙与混凝土顶板之间形成的 T 字形玻璃窗因为外面的挑

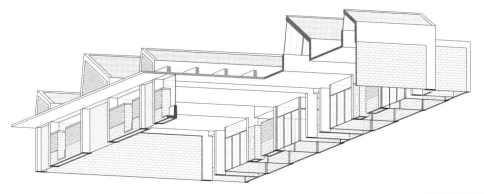

大车间轴测剖切图

大车间休息区

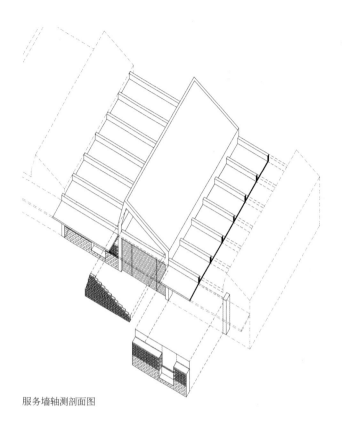

服务墙轴测剖面图

檐以及墙的厚度避免了光线的直射，T形窗的高处让光线通过混凝土底板反射的方式进入，而低处则允许工人向外面的场地瞭望。

车间内因为有松木燃烧明火造成大量烟气，通风很重要。设计在斜屋面高出部分的两侧采用立砌的空心砌块来实现进深风向上的自然通风，而且夏天可以带走积聚在上部的热气起到降温的作用。在服务墙的坐椅上方也采用同样办法来加强自然通风。在武夷山的气候条件下，车间无需保温才使得这种通风方式可行。而结构的直接外露也来源于此，这使建筑的结构与填充墙的逻辑关系在室内外均清晰地得以表达。管线大部分预埋于混凝土屋面板结构中，使结构更干净地被表达。建筑屋面采用了架空隔热屋面做法，应对当地的炎热气候。

1 办公室
2 会议室
3 卫生间
4 竹椅制作间
5 竹筏贮藏间
6 配电间

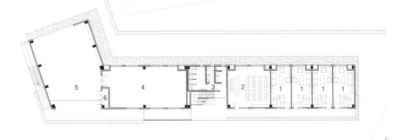

 0 _____ 10m

办公宿舍楼一层平面图

左：办公宿舍楼西面外观
右：办公宿舍楼南立面局部

办公宿舍楼

　　办公宿舍楼布置在场地入口的北侧，一层为办公和竹椅制作空间，二层为工人宿舍和食堂。设计将走廊布置在南侧面向中间场地方便进出，房间布置在北侧，获得远处田野景观，同时有利于隔热。与仓库和车间不同，建筑有保温要求，为避免冷桥，在构造上不宜将结构直接外露，建筑外墙全部用混凝土砌块包裹，同时采用内保温的方式，门窗的混凝土过梁外露以反映砌体墙受力逻辑。在部分隔断墙以及宿舍的阳台外墙采用空心砌块立砌以通风并产生立面的变化。建筑平面以砌块尺寸为模数单元来保证砌体的精确交圈。二层南向外廊采用竹子形成竖向遮阳格栅，利于隔热通风，也保护宿舍的私密性。

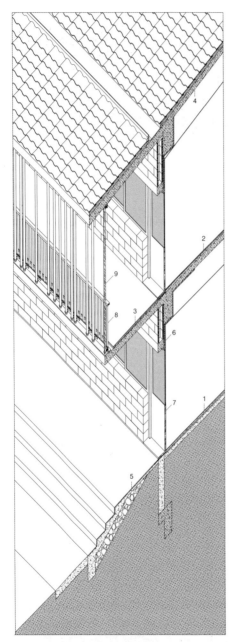

1 15 mm 水泥砂浆
  35 mm 细石混凝土
  2 mm 防水层
  30 细石混凝土抹平
  60 mm 混凝土垫层
  钢筋混泥土屋面板
2 10 mm 地砖
  20 mm 水泥砂浆结合层
  40 mm 细石混凝土抹平
  140 mm 钢筋混凝土楼板
  石膏板吊顶
3 15 mm 水泥砂浆
  30 mm 细石混凝土保护层
  2 mm 防水层
  110 mm 钢筋混凝土楼板
4 波形水泥瓦
  水泥砂浆卧瓦层，最薄处 20 mm
  30 mm 保温层
  2 mm 防水层
  15 mm 水泥砂浆找平层
  150 mm 钢筋混凝土屋面板
5 20 mm 水泥砂浆面层
  60 mm 素混凝土
  300 mm 卵石垫层
6 表面清漆
  190 mm 清水混凝土砌块砖
  20 mm 防水砂浆
  30 mm 保温砂浆
  8 mm 粉刷层
7 实木门
8 钢栏杆
9 ø 50 mm 竹子遮阳

办公宿舍楼南立面墙身轴测剖面图

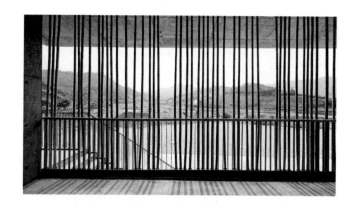

上：从外廊看竹格栅
下：办公宿舍楼的外廊

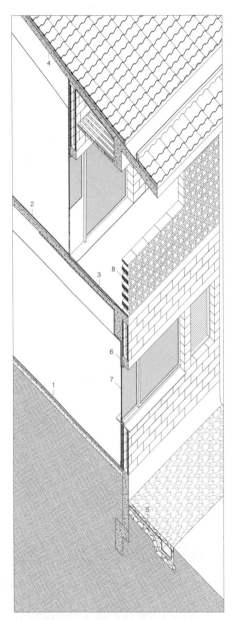

1　15 mm 水泥砂浆
　　35 mm 细石混凝土
　　2 mm 防水层
　　30 mm 细石混凝土抹平
　　60 mm 混凝土垫层
　　钢筋混泥土屋面板
2　10 mm 地砖
　　20 mm 水泥砂浆结合层
　　40 mm 细石混凝土抹平
　　140 mm 钢筋混凝土楼板
　　石膏板吊顶
3　15 mm 水泥砂浆
　　30 mm 细石混凝土保护层
　　2 mm 防水层
　　110 mm 钢筋混凝土楼板
4　波形水泥瓦
　　水泥砂浆卧瓦层，最薄处 20 mm
　　30 mm 保温层
　　2 mm 防水层
　　15 mm 水泥砂浆找平层
　　150 mm 钢筋混凝土屋面板
5　100 mm 卵石铺地
　　5 mm 金属盖板
　　20 mm 水泥砂浆面层
　　60 mm 素混凝土
　　300 mm 卵石垫层
6　表面清漆
　　190 mm 清水混凝土砌块砖
　　20 mm 防水砂浆
　　30 mm 保温砂浆
　　8 mm 粉刷层
　　内饰面
7　铝合金玻璃窗
8　190 mm 清水混凝土砌块砖

办公宿舍楼北立面墙身轴测剖面图

浇筑混凝土柱

材料与建造

建筑所用材料均来自当地，建筑主体采用素混凝土结构和混凝土砌块外墙，屋面采用水泥瓦，竹、木作为遮阳、门窗、扶手等元素出现。所有材料都秉持相同的原则——以不做过多表面处理的方式出现，呈现材料自身的特点。混凝土上模板留下的木纹也成为一种细节。

建造过程中，混凝土浇筑也是一次挑战，过去当地施工方习惯于使用现场搅拌混凝土，这是第一次用商混，流动更快，再加上斜屋面施工，因此对于浇筑和振捣的控制都有一定的难度。大面积的屋面浇筑为了防止模板支护沉降变形，需要工序上先浇筑混凝土地面垫层再架设脚手架。而屋面的反梁做法也对钢筋绑扎、模板固定和浇筑的工序有特殊要求。尽管是工业化的建造方式，但在当地现实条件下对施工的控制仍然存在诸多困难，助手近半年时间的驻场工作才保证了建造完成度的控制。

即便如此，最终还是有很多没做到位的地方，例如，本应按模数精确对位的砌块墙因为加工尺寸有误差，工人没有意识到用砂浆的宽度来消化误差，最终导致误差累计用砍砖来"填空"，导致部分砖缝的错位（因为成本原因无法返工），这些错误不得不保留，成为工业化建造方式中不那么精确的手工"注脚"。

思考

"Sheet aluminum is sheet aluminum" —— Donald Judd

　　回顾竹筏育制场的设计过程，发现似乎没有先入为主的形式偏好，建筑实际只是从对场所、功能的思考和回应一步步推演的结果。这大概是因为在所有建筑类型中，工业建筑往往因为功能性和经济性的诉求而回到更加关注建筑本体问题的一种状态，围绕建筑的功能需要展开对结构、采光、通风、尺度、材料、建造等基本问题的探讨，反而摆脱了形式意义问题的纠缠，不能说没有形式，形式只是自然呈现的结果。工业建筑的这样一种朴素状态，反倒不自觉地成为对消费时代里建筑作为图像和符号往往背负过多本不属于它的意义这一现象的抵制。这其中隐含的伦理即是：建筑只代表它自身，而非它者。就如艺术家唐纳德·贾德(Donald Judd) 所说："存在的事物存在着，一切尽在其中。"唐纳德·贾德的作品运用工

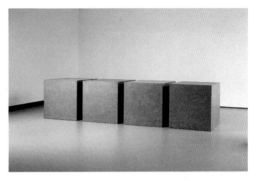

唐纳德·贾德的作品

业材料和极简的形式就是为了探索物体的自主性，抵抗意义的延伸和堆砌。当代建筑太经常地被建筑之外的话语 (discourse) 探讨所裹挟，文学的、哲学的、语言学的、社会学的、政治学的等等。甚至令人觉得建筑师或理论家如果不从这些领域去寻找建筑的思想源头就无法证明建筑的意义和其形而上的高度。然而用观念去阐释建筑也是危险的，因为它随时存在过度释义或强加意义给建筑的可能，在各种引申、关联、隐喻中，建筑反而偏离了自身。对我来说，用文字语言来阐释建筑无非是梳理和还原建筑产生的思考轨迹，然而对于任何建筑来说，最好的解读还是建筑自身。

2014/7

（本文原载于 2014 年 9 月《时代建筑》杂志）

『武夷山竹筏育制场建造实践』现场研讨会

嘉宾：
华 黎 - 迹·建筑事务所主持建筑师，武夷山竹筏育制场主创建筑师
王骏阳 - 同济大学建筑与城市规划学院教授
刘东洋 - 建筑评论家、自由撰稿人
柳亦春 - 大舍建筑设计事务所主持建筑师
毛全盛 - 武夷山旅游发展股份有限公司总工程师
李晓鸿 - 《建筑学报》杂志社副主任、编辑总监
刘爱华 - 《建筑学报》杂志社编辑总监

时间：2014 年 11 月 9 日
地点：武夷山竹筏育制场

1 项目背景

华黎：我做这个项目的动力来自两个方面。第一次来武夷山，看到匠人做竹筏这门工艺，就觉得挺有意思，它是一种地域性颇强的传统手工艺。我对武夷山这个地方也持有某种好感，离我的籍贯地没多远。我觉得这里的地域特点跟我的建筑兴趣比较一致。所以当武夷山风景区下属的旅游管理公司邀请我为竹筏制作设计一栋建筑时，我觉得这是创造有地域特点房子的机会。另一个动力在于这是一个工业建筑，是个工厂。工业建筑是我比较喜欢的建筑类型，它没有太多附加的东西，跟它的功能性以及技术考虑有很直接的关联。基于这两点，就是场地本身特征以及建筑类型，我接下这个项目。

做的过程中，我是从 3 个方面考虑的。第一，就设计本身来说，无论是场地布置，还是内部空间组织，设计都跟建筑的使用功能关系密切。我希望建筑空间本身和使用者行为之间有一个比较特定的关系，这也是我一直以来的建筑观。比如车间里天窗的位置与角度、空间剖面上的高低与明暗，都跟我设想的加工竹筏的具体步骤有着密切关系。暗的、矮的部分，是烤竹子的步骤，太亮反而不利于师傅观察烤竹子的状态；亮的部分，则有利于师傅给竹筏钻

眼、穿线。这是设计的重要出发点，这也限制着使用功能不能来回地变，一变，当初的设计就没有意义了。

第二是气候因素。武夷山冬天不冷，工业建筑在当地没有保温要求。加上烧烤竹子的工艺会产生烟，所以利用空心砌块的漏孔来做通风，这形成一种特定的界面，在一般建筑里很难实现，也就是说，建造跟气候和工艺有一种具体的关联。而像车间结构能直接暴露出来，反映结构跟填充墙的关系，也跟气候有关。办公楼的部分有保温要求，它的墙就是全部被包裹起来的，结构是看不到的。

第三就是建造跟本地作法的关系。这个房子的建造体系和材料使用基本上是本地化的。刚刚提到的用砌块墙体孔洞通风，在当地乡村的农宅中早有应用，例如用做厨房的围护结构来通风排烟，是一种成本低廉的材料兼作法；混凝土在这个地区也已经是比较普及的建造体系。竹筏场吸收了当地习惯作法，目的就是让建造本地化。类似的还有办公楼的木窗，木窗是现场加工的。要想做工厂加工成型的窗，反而不容易。武夷山地区，虽然现在叫城市，实际上从工业水平看还是一个乡村状态，它的主要经济支柱是旅游业和农业，工业并不发达。怎样在建造体系中适应其低技术条件，是一个挑战。

刘东洋：参观了这个竹筏场，我即刻的感受就是，这个工厂也很像欧美旅游景区里的"讲解及展示中心"（interpretive centre），等于在做一个生产性的工厂同时，也向旅游者开放，向参观者介绍当地的匠作，物质的以及非物质的文化遗产。毛总，是这样吧？

毛全盛：是的。我们现在坐着开会的这间厂房，马上就会有加工和生产竹椅的工人进来。所以，这个地方的确有展示手工艺的目的。大家来的路上应该已经看到，武夷山九曲溪水流湍急，这个水流条件塑造了武夷山竹筏作为中国南方常见水上交通工具的特殊性。8 根 8m 长的毛竹，捆扎成 1m 宽的竹筏时，头部和尾部都要昂起，特别是头部，这样才能抵御激流，也使得武夷山的竹筏有别于其它地区的竹筏，造型上更加优美。

要让毛竹变弯，然后能捆扎成一个竹筏，还是需要经验和手艺的，并不像看上去那么容易。过去，扎竹筏的师傅都在乡间河边，农民也自己种竹子、选竹子，然后请师傅帮忙制作。竹筏是个非常常见的东西，用了半年之后就要换竹子或是重扎，乡间的小作坊也就到处冒烟。如今，每年来武夷山水上漂流的游客太多了，竹筏的需求量也很大。这就有了竹筏场这么一个项目，在生产竹筏的同时，也能展示一下武夷山的地方工艺文化。

刘东洋：项目是从何时开始筹划的呢？过程顺利吗？

华黎：项目从 2011 年设计，2012 年 12 月份开工到 2013 年 11 月完工，中间因为征地的问题，搁置了将近 3 个月的时间。

设计开始的阶段，我在这里花了一些时间了解了制造竹筏的生产工序。我觉得这个特别重要，还有看了看当地的建造方式，了解能用的资源、材料、工艺。

方案总共经历了二、三轮的调整。大的布局没什么变动，一开始就是现在这种建筑布置，在周边限定边界，中间留出一个空场的方式，中间这片空地是要做竹子晾晒的。过程中调整的是局部形体以及建造细节。受当地做法启发用空心砌块做通风墙这个想法很早就有了。车间设计的推敲，集中在了剖面处理上。通过跟业主进行使用上的讨论，逐渐确定最后这个方案。

毛竹储存仓库目前还未建。仓库要满足两万多根毛竹的存放，原设计为 4 层体量，后来应业主要求重新设计了一个体量更小造价更低的简易仓库，新的设计借鉴了当地砖窑建造中常用的竹结构做法，希望能够充分运用这一民间建造传统，竹结构就地取材，轻盈、也符合仓库作为临时建筑的要求。

王骏阳：毛总最初看到这个方案出乎意料吗？它是您期待的那个方案吗？

毛全盛：我的第一个感觉就是特别朴实，接地气。设计用的一些材料，包括华总的调研过程，对我们整个主厂的生产工艺都做了充分的了解，然后把每一个生产工序所需的空间范围全部都考虑进来，包括我们在现场制作的场地要求，各项功能的实现都有详细的考虑。第二，设计把我们生产工序上的整个流程很好地结合在这个空间当中。第三，外观整体性很好。所以我当初看完这个方案，就觉得这个是我们期待的，最后施工过程中有些没有完全去实现，还是觉得挺抱歉。

刘东洋：您想更精致些？

毛全盛：主要是有一些工艺上的要求，包括空心砌块砖的品质，当时我们还到工厂跟师傅们去商量，问他们能不能按照设计做一些现场调整，我们是按照普通的砌块砖去招标的。还有这个窗的调整，这些都涉及到费用控制，所以没有完全做到华总的设计要求。有些地方后期我们还做了一些整改，整改只是一种补救措施，还有一些细部的处理，一些边角、楼梯上的防滑处理，是存在一些遗憾的。

王骏阳：毛总说得这么专业，以前肯定有过土建经验吧？

毛全盛：我最早学的是自然保护资源管理，然后在这个岗位上（土建甲方）很多年。

2 从砌块开始的建造追问

柳亦春：华黎的这个房子看似简单的建造，但却无处不透露出仔细的思考。我还是从砌块问起吧。华黎用的砌块砖是改了模数的，还是普通砌块的模数？

华黎：是原来的模数，标准的 200mm × 400mm。只是在骨料配比上提高了一点水泥含量。当地人用这个砌块砖时，基本上都用在猪圈和厨房这类辅助性房子上，如果用在主要建筑上，会做抹灰，不会让砌块直接外露。水泥含量低的砌块表面颗粒会特别粗糙，水泥含量提高一点质地会更细一点，强度也会更高一点。

柳亦春：这个砌块砖的尺度是 190 几 mm，加了灰缝模数后是 200mm。

王骏阳：柱间距离也是按照模数设计的吗？

华黎：有模数，包括办公楼。但是，有一些没做对，砌块加工出来尺寸误差挺大的。施工时，如果不考虑这个误差，没用灰缝调节，累计误差最后就很大，不是半块砖或一块砖的模数了。还有，工人垒砌砌块墙时，一般会底下的做得相对好，越往上做越糟，这是个有趣的现象。

柳亦春：你用的是低技材料，对完成度的要求却很高，"精确到位"，实际上就是"很高技"的要求。设计时，建筑师肯定是按理想态去设计的，希望尽量精确，这样一来，就存在着风险。

华黎：对，这是个矛盾。比如砌块墙越往上做，越粗糙，后来我分析，这个可能跟施工状态有点关系。砌块比砖重，你站在高处砌墙时，就可能希望快点儿干完，早点儿下来。

柳亦春：一般工人在砌到最上面一层时，会用砖头斜砌来调节这个缝隙。也许，有个办法是干脆不要形成模数，想个办法把不构成模数的东西，不规则地插到墙体里，去打破整体肌理的模数化，好适应这种低技建造。比如，如果有几种 100mm 或 200mm 的特殊砌块，在不经意的地方插进去，这种端头砌不齐的事情就避免了。当然，这又需要工人从一开始就要有一个大局观，一开始就要有。

华黎：对，一开始放线完了，就应该定一些点，这些点之内比如说正好 5 个或 6 个砌块，在这些点之内用灰缝调节误差，整体就符合模数了。

王骏阳：伍重 (Joern Uzton) 第一个建成建筑就是他在丹麦的自宅。他那个房子也是有模数的，就是 120mm 的砖单元，整个房子的尺寸全是 120mm 的模数。虽然这个房子是在战后刚刚结束时建造的，1950年代丹麦的施工精度就已经很可以了。而且，那栋房子还没有图纸。伍重在没有图纸的情况下定了几个原则，工人就这样造了。

华黎：伍重在建造时应该处在一个相对成熟可控的体系内，建筑师对于施工精度已经有预期了。

柳亦春：建筑师应该在现场，这类砌筑需要一个有全局观的人。

王骏阳：是的，他就在现场。他把整个建造体系全部想过一遍，想清楚了没有图纸也能造。

华黎的这个房子用了水泥砖，像武夷山这边雨水还是挺大的，会有渗水的情况发生吗？

华黎：外面做了一层防护，用了透明防护剂，防止透潮，因为它本身是呼吸性的材料，淋雨的话，墙面会轻度返潮。

柳亦春：那现在只能对内呼吸了？对外已经封闭掉了。

王骏阳：实际还好吧，虽然外面封住了，里面能够呼吸，而且墙体都是通的，上面也是通的。

华黎：这个房子就不是一个以内封闭为目的的房子。

柳亦春：这里面存在着矛盾。建筑师想要表达某种构想，然后由此带来了一系列的挑战。这里，华黎表达通透和暴露，而通透和暴露之后，功能上还要求一定的封闭。抹灰是一种封闭，透明保护剂也是一种封闭。那建筑师在选择抹灰和选择透明保护剂这件事上，还是面对判断挑战。我也一直在想这个事情，究竟是什么东西支撑了建筑师要做这样一个判断，好像更多的还是从建筑学自身出发的某种精神层面的追求，才选择了暴露吧？

华黎：我理解你的意思。建筑的结构如果能在外部暴露出来的话，我觉得更有力量感，而且建筑的逻辑也可以被看出来。一般人可能根本不会在意这个，但建筑师会。

对于这个房子的外部，我是觉得做抹灰和做保护剂的差别，从功能上来说没有特别大的影响。居住性民宅必须进行处理，室内也要做处理，因为还有保温的要求在。而这个厂房没有一般居住建筑的保温和密闭性要求，才能做成这样。这也是一个反向的逻辑。但从建筑师的角度就希望能够把这种逻辑呈现出来，在建筑上表达出来。

柳亦春：这时候就存在一个有关意义的探讨了。

在大量的建筑项目里，这么做的机会会越来越少，只有在少数的建筑，比如说旧厂房身上，建筑师还能这么暴露。建筑师希望能挽救这个东西，在选择项目时，就像你刚刚讲的，你想做工业建筑，你有一个愿望，能够把结构非常清晰、真实地表达出来。

而大量的建造如今既要保温，又要隔热、防水。其实，是跟建筑师所追求的东西，就出现了一定的背离。我也在反思，我们所追求的东西，比如，这样的建造"很有力量"，这样的追求到底意义还有多大？我们是否要转变一下看法？或者，寻求用另外的、更高的构造或者建造方法来聪明地解决这个矛盾。

华黎：这个观点我理解。我觉得，即使有更复杂的构造，在表达上，建筑师还是有意识地在选择的。比如瑞士的很多建筑，墙身构造已经很复杂了，外面是一层预制混凝土，后面是保温和防水，再后面才是结构。可即使这样，你也可以在立面上解读结构和填充墙，理解构件的逻辑。虽然在立面上你看到的并不是真正的结构，但视觉上，它给你传递着结构的意义，或者说是印象。建筑师为什么还这样做？我觉得还是基于表达的愿望。否则，反过来看你会感觉太多余了。

柳亦春：我读埃森曼 (Peter Eisenmann) 的《图解日志》(Diagram Diaries) 时，发现里面有一篇讲"先在性之图解"。它有一段讲了维特鲁威 (Marco Vitruvius Pollio) 和阿尔伯蒂 (Leon Battista Alberti) 建筑原则的差别。维特鲁威讲建筑要适用、坚固、愉悦，他其中讲到坚固的时候就说建筑要符合结构，所谓符合结构就是说它要立起来，不能倒，是这么个意思。后来阿尔伯蒂在《论建筑》(De re aedifactoria) 一书里面就分析说建筑要符合结构这件事情还不是维特鲁威真实的意图，他的真实意图是要看起来"像"。他说，这个建筑并不是说一定要是符合结构受力，而是应该看起来"像是"符合结构要求。不是"be"，而是"look like"。他是想要引出一个疑问，说是建筑是需要去表现结构，建筑里面存在一种表现法，你刚刚说瑞士的这种做法就是一种再现性的，这也是一种表现法。

还有个例子就是佩雷 (Auguste Perret) 在钢筋混凝土结构刚出现的时候，他做那个巴黎的富兰克林路公寓 (Rue de Franklin)，用了两种不同的贴面面砖来区分哪部分是框架，哪部分是填充墙。就是说结构虽然都被盖住了，他还是想要用不同的材料来表现结构。貌似建筑师还是存在着这样一种愿望，尽管做了表面处理，还要表现结构性的东西。

我自己也是非常认同这种做法，特别是最近一两年里，对建筑内在性的关心，从结构到建造、到节点、到整个空间的设置，结构的要素在空间的品质上可以发挥怎样的作用，如果结构在空间当中能够发挥比较大的作用，那么在我心里面，我认为对于建筑这门专业来讲是一种比较本质性的表达。但我也一直在想，这样做的根由到底在哪里呢？这种愿望的根源究竟是什么？我能从以前历史上找到无数追求结构表达的实例，但，它的本质究竟是什么？

刘东洋：柳老师，你是想说，把结构暴露出来这件事在建筑学那里足以构成学科发展的一个动力吗？

柳亦春：算是吧。不过，这并不是把结构暴露出来这么简单，而是如何通过结构的要素去产生建筑的能量。我觉得，建筑学的学科史里，一直就存在着建造史的这条线，以及美术史的另外一条线。

刘东洋：是以表达空间界面为主的吗？

柳亦春：是的。比如西扎 (Siza) 的房子就是这种，都是通过吊顶、衬墙的处理，以空间来表达建筑的魅力的。

前面那种与这种画家 - 建筑师的空间追求还是有所不同。在空间中暴露梁柱，靠结构去直接塑造空间，你说建筑师在追求力量感也好，还是追求真实性也罢，它让我感觉有一种质量。我说的，也并不是由于施工多么精致而带来的质量。也不仅仅是暴露的、眼睛可以看见的质量，更多的是眼睛看不见、却凝聚了建筑师对结构配置无尽思考后所呈现的质量。

华黎：我觉得，表达结构本身的特性和力量，它更多跟自然中的秩序有一定的关系。这一点上，伍重的房子就特别有代表性，例如悉尼歌剧院 (Sydney Opera House)。从外面看，会以为它是只追求造型的建筑。但你进去以后，那些结构、混凝土的肋，包括落地的那些节点，给你一种这个造型隐含了某种秩序在里面的感受。我的意思是，自然中的一些秩序，可以通过结构表达出来。而像西扎的房子，结构不会刻意显现，它更追求空间的表达，建筑这时更像绘画，更多是一种文化性的表达。伍重和西扎对结构的不同态度，作为对照，挺能说明这两种追求的差别。最后，还是建筑师的个人兴趣决定了他的选择。

3 华黎式在地

刘东洋：华黎提到了建筑师的"选择"，我觉得，他是挺在意项目的"选择"的。像这个建筑，就跑到了山里、田里。这样的地方肯定没有城市里的高楼大厦那么抽象。你用了当地山上的材料，用了比较本土化的工艺，没有太多的化学加工工序，建成的建筑肯定就会跟当地的环境和谐。

柳亦春: 所以，我看华黎的房子都有一个比较一致性的概念，甭管是在云南，还是在北京郊区。虽然用的材料不同，做法是很一致的。华黎选择了有着地域性特点的地方，挖掘了地方的建造方式。在目前这样一个大的建筑背景里，华黎这么做肯定是有自己的价值取向的。

华黎: 说到这些项目的一致性，我现在也有点困惑。

就我这几个项目之间的关联性来说，有一些项目更多地是反映了结构，比如林建筑；但也有一些房子完全没有表现结构，比如四川德阳智萌幼儿园及艺术学校，那就是一种纯抽象的空间表达。回到刚才柳老师的分类去，是结构的秩序重要，还是纯抽象的空间重要，我到现在也没有形成一个统一的做法，或者说一种范式。我解答建筑问题时，更多是在基于每个项目的自身。

柳亦春: 从大的感觉看，威海那个房子呵，还有云南那个房子呵，好象还是有了一致的风格。

华黎: 你是说那些房子具有地域化的特点吗？我觉得"地域性"的概念，不能狭义地理解为偏远地区才有地域性，都市本身也可以有地域性，看你怎么理解了。实际上，每一种场地都给你一个条件，可以激发建筑师的情绪、思考、出发点。可能偏远地区的特点更显性一些，一下子就让你捕捉得到。像武夷山这种地方，我第一次来就有感觉和愿望，而有的项目则迟迟进入不了状态，比如在深圳做一个集群设计，完全都市的一个地段，就感觉找不到一个切入点。

刘东洋: 不久前，我读了华南理工大学冯江老师的一篇文章，写的是广交会对推广和促进岭南建筑风格所发挥的历史作用，从林克明那一代一直讲到莫伯治、佘峻南。我读完了冯老师的文章，就开始思考起"地域"这个词的范畴来了。瞧，如今我们一说起"地域"，说的是"岭南""徽州""西北"，基本上辽阔到足够抽象。而"地域"在阿尔伯蒂那个时代，还不过是某个山里的河谷地带，是个视觉可见的空间。当我们谈建筑的"地域性"时，我们得警觉这个词，这个"地域"到底多大？是非常泛化？还是非常具体？

实际上到了白天鹅宾馆那里，"地域"和"地点"已经分裂了，对立了。在白天鹅的中庭里可以建造一个特别具有标志性的"岭南庭园"，却用一座高层和一条引桥，破坏了沙面老租界的城市尺度和景观。像我们这次住的武夷山庄，自觉地运用了本地的石材，也还会有水泥模仿穿斗的细部。这又是另外一种"地域性"了。最大的问题还在于没有落实到基地的具体性身上。

你不能天天说，我爱祖国，但不爱我妈吧？华黎似乎想说，爱祖国，要从爱自己的妈做起。

华黎：对，我认同这个观点。地域这个范围应该更缩小，更具体化，甚至具体到一个场地和一个项目。

刘东洋：是啊，当你具体了，也并非完全是被动式的。建筑的地域性并不是一个建筑师跑到农村去做一次调查，农民用了什么材料，你就用什么材料，农民用了什么工艺，你就用什么工艺。华黎的房子往这一放，也跟农宅很不一样，个性挺强的。

华黎在选择材料和工艺时，有时是在"放大"，有时是在"规避"。当地人用砌块常抹灰，你不抹，显然你在"放大"某些东西，甚至把砌猪圈的做法"放大"了。这一点，华黎具有攻击性。

华黎：你看这边村里的那些房子，就有两种状态，像竹筏场旁边的茶厂，也是直接暴露材料的。像后来盖的这些房子，全都是抹了灰，贴了面砖的，我觉得这也是城市文化的影响。他们现在这么做，一定是觉得这是比较进步的，而直接暴露是没做完的。

王骏阳：说到饰面，我们现在已经养成了习惯：这个项目肯定是要有饰面的，所以墙砌得怎样根本就无所谓，随便做做，做得再好，包在里面也没有意义。可是，如果你想到这个东西最终要尽可能地呈现出材料本身或者建造过程的特点的话，那你可能就会对设计对建造有了不同的要求。刚才讲到悉尼歌剧院，你到了悉尼歌剧院的门厅里面，你就会看到暴露出来的混凝土结构，那个东西在演出大厅中是不可能暴露出来的，因为演出大厅要有很多隔声、音效的要求。你若没有对建造的基本价值的追求的话，那门厅吊了顶，也可以做得富丽堂皇。

华黎：所以，我觉得在室内看悉尼歌剧院，和在室外看悉尼歌剧院会给你两种感受。同一个建筑，室内感受的是结构的力量感，室外则更多是形式。

王骏阳：最后悉尼歌剧院也不是壳体了，那个形式变成了一个个预制件拼起来的东西，而且中间有洞，上面肯定是要有覆盖的。

4 空间与使用

华黎：再说到这个厂房，我刚才说开始设计的时候屋顶的形态跟人的使用存在直接关系。建成后，包括今天再看完后，我自己也在想，这种空间和行为之间的关系有时还是没有办法捕捉得特别精准。比如说，我们想要通风，把烤竹子的烟散走，可是火源周边需要挡风，还要做小型的防风装置。像剖面上高起的空间下面，设计时是想把那些地方专门用来绑扎竹筏的，实际使用时也没那么严格。

王骏阳：对，刚才我看的时候就想，这个高的空间，之前听你说有功能的要求，但现场也没太看出来，好像只是具有采光的需要而已。

华黎：我当时想绑扎的时候需要亮一些，因为竹子需要穿铁丝。穿铁丝是更细致的工作，跟烧火很不一样。这个感受直接来自于我当时参观乡间那些竹筏小作坊。那个烧火的地方特别黑，烟熏的，加上空间不大。火本身是亮的，它并不需要环境光很亮，环境光很亮它反而有炫光；但在绑扎的时候，他们一般都会来到门口，为了能亮一点。所以，我设计这个竹筏场空间跟我当时的感受有关。

就是说，新建筑的空间设计，来自于建筑师的记忆和转译，但跟真正的使用之间还是存在出入，跟功能找不到100%的精确对应关系。或许，行为模式和空间形式之间就不可能是完全对应的关系。

王骏阳：你参观了当地的作坊，对生产工艺有了一种认识，你给出了一个解决方案。如果这种形态，在原生产环节中间已经存在，那么我觉得就是空间和生产关系的反映。可如果原来的模式里并没有这个，你给出的就是一种可能性，是一种创造。

华黎：我刚才说这个竹筏场内空间的明暗和高低变化来自我参观时的感受。如果没有这个感受，建筑师很可能会去做一个匀质的空间，就像密斯那样，上面的天光也是匀质的。那样的话，毛总他们在使用时想把毛竹的方向转90°也就没有问题了，那么做的功能适应性反而会更强，可那完全就成了另外一类建筑，通用式的建筑。我一直认为空间和人的具体行为，它的物理和精神状态应该是有关系的。这是我对建筑的一个观点。

刘东洋：建筑空间跟人的使用在多数的时候，很难像鞋和脚那样地靠近和切合。

华黎：包括我看柳亦春的龙美术馆，也有这种感受。那个空间很高，跟艺术品的关系，也不能够形成一一对应。于是，那个巨大的空间更像是为自身的独立性而存在。或许它在等待一些特别巨大的当代艺术品。

柳亦春：甲方当初要求说，希望有个巨大的空间，好办活动、办发布会、开幕式。当然，当代艺术作品现在也是越做越大，作为可能性，这样的巨大空间还是有存在的必要。它的确不是一个量身订作的空间，会给某些展品，给策展人带来困惑，但也存在着未知的机会。

华黎：我刚才其实想说空间也可以自我独立地存在，不一定必须要依附于人的使用。

柳亦春：空间反过来可以影响人的使用。人总是希望有一种最舒适、最方便的呵护式空间，但我觉得建筑并不一定非要去满足这样的愿望。像筱原一男的房子，里面的结构往往就跟人的生活具有某种对抗性。多少年以后，再去看时，那里面生活的人，逐渐跟那个空间融为一体了。像白之家在移建了之后，藤本壮介去看后，写了一篇小文章，他觉得所有的访客，包括来参观的建筑师，在这个空间里都显得多余，不属于这个空间，唯有那两个主人，站在那儿，不经意地靠一靠那个柱子，给你倒茶，你觉得他们在那个房子里生活了多年，人跟空间有了融合。

像这个竹筏场，兴许过一段时间你再来看，你就会觉得这个人在这个压低空间里面做这件事，太属于这个空间了。

5 施工与形式

柳亦春：只是，我觉得庭院那个落地玻璃不应该落地，因为这里面毕竟是人在工作，玻璃很容易被撞碎，底下有段墙裙，工人搬运竹子时就不会紧张。休息时要看景，那看景的那边玻璃可以落地。这边，我觉得是有一个 1.5m 高的墙比较好。

能感觉得到，华黎对空间纯净性还是有要求的，尽管是厂房。空间还是划分出不工作时的休闲状态和工作时的状态。

华黎：对，管道都埋在结构里面的。主要是电，再就是消防栓，因为没有空调。

柳亦春：为了这个空间的纯净性，你都做了反梁了，在板上呢。

华黎：对，做反梁就是为了实现这个目的，让里面的空间比较干净。这可能是现代建筑的洁癖，要把设备都整合到结构里。但也是因为暴露了结构，你不整合的话，管道就全外露了。当然，那也是一种状态。

王骏阳：唯一没解决好的就是电线，瞧，那里漏掉了。你们有一个驻场建筑师在这负责吧，当地的工人对埋线安装熟悉吗？

华黎：我们的驻场建筑师前后待了大概 5 个月，主要在混凝土施工期间，包括协调一些建造细节。电线这个问题是电专业画图时没意识到这里是玻璃，建筑师也没发现，就发生了。

施工队就是当地的，他们有混凝土的施工经验，但没有把混凝土直接当成完成面的经验，一般都抹灰。而且这个斜屋面的施工也有点麻烦。这是他们第一次做商混，也挺挑战的。

王骏阳：我看能做到这样已经非常不容易了。

华黎：2014 年 2 月份去了一趟印度，看了几个柯布西耶 (Le Corbusier) 的房子，我当时有很强烈的感受，那些混凝土施工其实很粗糙，比这个竹筏场糙多了，但那种粗糙你觉得特别好，有种特别拙朴、粗野的表现力。我觉得它也跟建筑的形态有关。比如昌迪加尔建筑学院 (The Chandigarh College of Architecture)，它的屋顶也是类似这样一个斜面的形式，木模板浇的混凝土梁怎么看都是拧着的，两个侧面都不直。但它近似折线的很拙的形状，跟工艺水平挺吻合的，反而强化了形式表现力。

柳亦春：不去追求特别光滑的曲线，利用折线，他整体就放低了对于施工精度的要求。所以这个里面其实也存在一个策略，在设计上，整体上放低对精度的要求。

王骏阳：不是随便想要放低就放低的，要想到好的解决办法才行。

6 换一个角度的反思

李晓鸿：我想问下柳亦春老师，作为一个实践建筑师，如果这个房子交给你做，你的切入点也会跟华黎相似吗？

柳亦春：最终的形式肯定不一样，但在暴露性、低技化、寻找放弃精度之后的形式上，可能会跟华黎一样的，因为造价低嘛。我可能会更多地考虑空间适应工艺和场地气候这件事，不太会在意原有的地方建筑风格是什么样。

李晓鸿：那不一样的形式会是怎样的？

柳亦春：我可能会在着火的地方加上一个烟囱。建筑整体会是平顶的，高出来的是几个烟囱在烧火的地方。

李晓鸿：你会觉得烤火和排烟特别重要？会带来对形式的控制？

柳亦春：我觉得那个烤火的地方好像是这个房子最精神性的东西，火炉嘛！然后，远远地看，可能是一个水平平顶，有几个比较夸张的烟囱。

李晓鸿：以前北方建筑的取暖和排烟靠的就是烟囱。有了烟囱，整个房间就不会有烟的感觉。

柳亦春：看华黎的房子，我觉得他试图想让建筑师那套专业的东西，进入到民间建造系统里面去。他试图在修正，或者是在民间系统里面寻找机会。就像在林建筑身上，他用的这种胶合木在（中国）民间是从来不用的，反而这个在瑞士、北欧、美加才用的普遍。但他可以把这个东西交给工人，最后做出来。我觉得，他在引导某种比较具有现代性的建筑生产方式。或者说他也是从民间寻找一种可用的经验。

华黎：我觉得，我们这个所谓的专业是基于知识基础的专业，而知识往往不是来自直接体验，知识是一种二手经验，有时，我们的知识可能就是错的，没有被实证过，如果你过分依赖于这种知识，有可能出问题。

而民间的东西一定是实证过的。它们来自于经验，是可靠的。比如说对气候的理解，如果你没有在这个地方生活过足够长的时间，那理解就可能是很肤浅的，我们在四川做项目的时候，业主跟我们说北边一定要做防雨多一点，下雨时多在刮北风。这个提示，你不在那儿住，是体会不到问题的。

这正是从学院或者从办公室出来的专业建筑师的一个软肋。经验是跟身体有关，这个需要你去感受和积累。这就又引出一个话题。我们现在的高度社会分工，是不是也导致了建筑学本身变成更多基于知识基础的自说自话？

柳亦春：对，如果建筑师对地方性经验尊重不够的话，那必然会出现问题。建筑中那些和在地性发生勾连的所有微妙细节，必然来自地方经验，尤其是气候问题。我们建筑中本该存在的那些微妙的身体体验，比如什么样的空间冬暖夏凉这样的事情，大多都被现代化的技术抹除了，只剩下了抽象的审美。从这个角度讲，其实大多看似现代的精确的设计其实只是粗放的设计。

华黎：从传统意义上来讲，民间建造更多不是基于理论知识，比如我们所讨论的这些话题，很多可能对民间建造来说没什么意义，完全是两种体系，两种状态。

柳亦春：可能要找到某种方式，能让两种体系对接起来吧。至少竹筏场这个项目里，毛总会作为武夷山生活的亲历者，就非常具有地方性经验。你们两个在过程当中的来来回回可能就彼此吸收了不少东西。

毛全盛：是的，是的。

华黎：我想问刘东洋老师一个问题，您觉得历史对一个建筑师的这种影响在哪里？我觉得每个建筑师都会受到之前的影响，起码，你的观念不是从零开始的，一定是潜移默化逐渐形成的。

刘东洋：你这个历史指的是什么？是教科书中的建筑史，还是具体的体验？

华黎：也许是柯布身上那种知识和经验的相互转化吧。

刘东洋：哦，我们都是有"前历史"的人。就像你去了耶鲁，你的导师R·亚伯拉罕 (Raimund Abrahm) 给了你那么多东西。看了他的集子以及你的纪念文章，我才明白，在你现在的设计中，有多少是他留给你的命题和主题。

关键可能还是在于怎么把历史给"做"出来。就像在这个厂房身上，你放大的是你在作坊看到火烤竹子的那一刻。你主动地抓住了它，放大了，那这段历史就不是死的。

说来，还是要具体化。你面对基地时是抽象的态度，做什么都行时，就没法做下去了。

华黎：太对了，我面对深圳那块地，一开始就是这种感觉。

王骏阳：对设计来说，很多情况下所谓的条件，看着像是一种束缚，束缚了自由和创作，其实恰好可以激发创造。像武夷山这个项目，一个是当地的施工水平，一个是当地的材料，针对这两个条件下功夫，自然这个东西就出来了。深圳那个项目可能就缺少这种束缚，自由度太大，反而不知道从哪下手。

刘爱华：我很好奇为什么华黎问刘老师这个问题，是你意识到之前的这些东西对你的一些影响，或者是说有一个潜在的框，你想移除这些东西对你的影响吗？

华黎：那倒不是说想移除，我觉得建筑师一定是你自己个人史的产物，对于任何人来说都是这样。而且它也是一直处在演化的过程，比如说你20年后和你现在做的东西，它肯定不同。

李晓鸿：最后一个问题留给王骏阳老师。王老师，您怎么评价华黎的建筑实践？它对当代中国建筑的意义何在？

王骏阳：李编给我出这么大的题目。我们这次住在武夷山庄，那是齐康老师20世纪80年代初的作品，也是那个时代中国建筑的代表性作品之一。今天来到这个竹筏场，在开始这个座谈会之前我已经在微信上发了这两个建筑的部分照片，我为这条微信添加的标题是"武夷乡土，两代建筑师的不同追求，中国建筑的变迁"。这是一个颇具历史理论感触的标题。确实，当你几乎同时面对这两个建筑，当你把这两个建筑置于中国建筑过去几十年发展历程的语境中进行观察，这样的感触便在所难免。我无意在这两个建筑中分出高低优劣，我更愿意把它们看作是中国建筑不同阶段的缩影。就此而言，华黎建筑实践的意义首先就在于它超越了中国建筑长期以来对历史、乡土、地域的风格和符号式理解，转而把当地气候、建造传统、技术工艺、场地条件、使用功能甚至是有限的造价作为设计的出发点。与之前的诸多中国建筑师前辈相比，他也放弃了"国家性"和"民族性"的庞大主题，而是以一种更为坦然的方式在对上述因素的重新诠释中表达每个项目的特殊性—当然，如果你愿意，也可以使用"地域性"一词。应该说，这些已经是华黎这一代建筑师的普遍共识，只是华黎的努力更加一以贯之，关注点更加具体和深入，其成就也比较突出。这是第一点。

第二点是华黎这类独立建筑事务所对当代中国建筑带来的活力。改革开放近40年，中国建筑发生的最大变化之一就是独立的小型建筑设计事务所的出现，而且数量越来越多。它们在原有大型国有制设计院 (这些设计院或多或少经过改制，但是 "大" 仍然是其特点) 以及急剧扩张的大型民营设计院之外找到了自己的市场和专业定位。像武夷竹筏场这类项目恐怕是眼下大型设计院根本不屑做的，却成为华黎这类独立的小型建筑设计事务所的重要工作内容。然而正是这类项目打破了大型设计院的生产型建筑实践的模式，为当代中国建筑注入了活力，使当代中国建筑呈现出更为丰富多样的面貌。可以预见，随着中国经济的发展速度进入新常规阶段并由此导致大型建筑项目的减少，独立的小型建筑设计事务所的工作方式和设计经验将发挥更大的作用，更多年轻有为的建筑师将加入这样的行列。最近在上海进行的关于 70 后建筑师实践的讨论会已经说明了这一点。

好，关于李编提出的这个大问题，我就先简单说这两点。

李晓鸿：感谢诸位今天的发言，并特别要感谢毛总给予研讨会的支持。

（本文原载于 2015 年 4 月《建筑学报》杂志）

林
建
筑

2011 年，一位认识多年的朋友找到我，说想在运河边的树林里建一个房子，那里环境很好，但是功能不太确定，也许可以是餐厅、咖啡馆、酒吧，也可以是展览、会议的地方，朋友还憧憬了很多其它的也许。

建筑对于人来说是场所。我的每一个项目的设计工作都始于对其场所意义的思考。通过对每个空间可能发生的事件中的行为、心理的琢磨、空间的形状、尺度、光线、视线、氛围等特质会在模糊中逐渐显影。正如路易斯·康所言，空间是心灵之所 (Room is a place for mind)。然而，当一个建筑没有很明确的

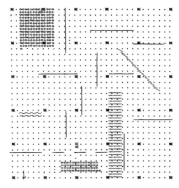

Archizoom，No-Stop City

使用功能时，这种思考会变得漫无目的。这也是我常常怀疑所谓空间的灵活性这一说法的原因。如果空间的特质与使用无法建立关系，空间应该从何处出发呢？恰好这个项目就是这样一个例子，业主对功能的界定非常模糊，而且以后也还会变，运营和使用因受整个市场环境的影响而充满不确定性。在中国当前的实践中，这种功能不确定的建筑可谓非常普遍，经常出现不明确功能就开始设计或设计过程中甚至建成后功能被改变的情况。这当然很大程度是市场、资本、政策、土地使用权属等外部条件的善变所致。

意大利的阿基佐姆小组 (Archizoom) 在 20 世纪 60 年代末敏锐地提出，城市作为资本主导下的生产与消费体系之机制的产物，大都市已不再是场所 (place)，而变成一种状况 (condition)。[1] 他们因而提出一种大胆的城市图解——No-Stop City，在这个提案里，城市成为一种同质化的网格体系，具有连续平面、可无限蔓延、及局部微气候等特征。阿基佐姆小组借此宣称城市将成为一个被程序化的、各向同性、无边界的系统，而所有类型的功能可以在这样一个同质化的领域中 (field) 随机实现。[2] 城市由此变成了一个无等级、无形的、装备精良的停车场。仔细观察阿基佐姆小组这个看似疯狂的带有乌托邦设想的平面，虽然看似这种不确定主义完全消解了我们对建筑作为形式存在的传统认知，但不得不承认阿基佐姆小组对资本作用下城市空间的形成机制有着深刻的认识与批判性。想想当下的中国，作为消费对象的建筑之状况与阿基佐姆小组观察之城市有着惊人的相似性。建筑短寿、易变、投机、引

dining under the tree

起欲望又很快被厌倦。面对这种无处不在的状况，建筑是否存在一种策略可以去应对这种使用的不确定性？是否可以有一种均质、蔓延、无等级的 No-Stop Architecture 在容纳这些易变的需求同时营造建筑自身的特质？

这促使我思考这样一个问题，是否存在可以脱离场所意义而存在的具有自主性的建筑形式，也就是说建筑的特质是否可以独立于如何使用以回应当下实践中普遍存在的功能不确定性。这个问题在信奉形式具有自治性的形式主义者看来，当然完全不是问题。然而问题的关键在于，什么样的空间形式适合于这种功能不确定性呢？当我们想象空间时，显然无法脱离对顶、地、墙这些面的要素的依赖，因为如果没有这些边界，那么空间也就不存在。墙在所有要素中对功能的作用最为凸显，划分不同的功能空间、限定空间的尺度、控制建筑内部的空间组织，这些均离不开墙。墙作为空间限定元素以及结构支撑体的双重作用到了现代建筑运动中被消解，空间限定与结构的角色分离使墙得以以更自由的形态出现。功能的不确定似乎往往对应于墙体的消解，空间变得模糊而流动。而对现代建筑空间的体验也需要人在运动中去感受，相对于古典空间的完形和静态。如果建筑的功能完全不确定，墙是否还有存在的必要？密斯的均质空间从早期的巴塞罗纳馆到晚期的柏林国家美术馆，可以看到墙体的逐步消失使流动空间发展到最后归于完全开放无形的空间。而当建筑中的墙体消失时，剩下的垂直构件就惟有柱子了，由柱子和屋顶形成的开放空间来应对功能的变化。建筑成为一种结构，而如密斯所言，专注于清晰的结构并非局限，反而有助于更多可能。

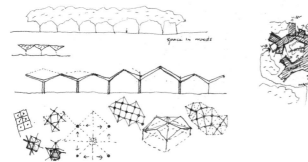

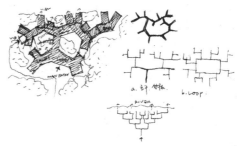

上：概念意向与草图，
　　设计最初的想法是创造一个树下的空间
下：1:50 木结构骨架模型

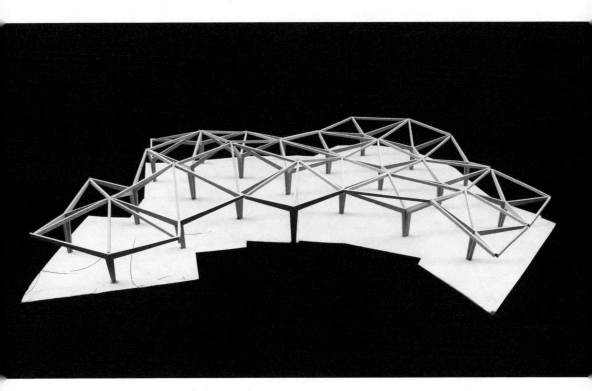

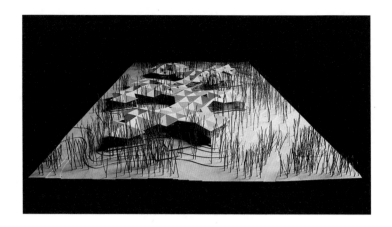

上 | 1:100 整体模型

下 | 左：结构轴测图

下 | 右：1:100 整体模型揭开屋面顶视

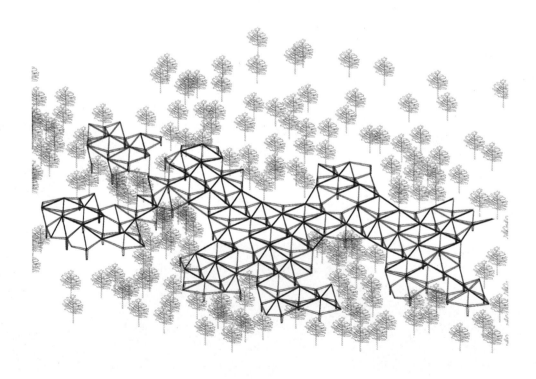

当我观察项目所在基地时，有一个有趣的发现，项目位于运河边的公园里，基地里有大片树林，树具有天然的空间的遮蔽感，坐在树下看风景是一种美妙的感受。而树林这种随处可见的形态实际上就像柱子和屋顶形成的一个匀质空间，这是由均匀分布的树干和横向生长的树冠共同形成的，而林下空间是一个连续的、无明确方向性的、水平方向可以无限延伸的空间，自然成为一个可以停留、也可漫游的自由而惬意的场所。正如在树林中可以发生很多不同的活动，散步、休憩、野炊等等。我开始想象建筑内部就如在林下空间里就餐、聊天、聚会的场景，当光线从上面洒下来还可以创造很动人的气氛。

受到树林形态和规律的启发，一个如同林下空间可以无限蔓延的建筑空间的想法浮现出来：建筑由一些树形结构来支撑，树的枝干将相互连成一种结构形式并在其遮蔽之下形成空间。这样一个空间具备这样的要素：1. 柱子，而非墙，与屋顶成为形成整个建筑的基本要素；2. 柱子呈现一种均匀网格单元的排布；3. 边界是自由的。这些特征皆是来自于对树林的观察。树，作为空间原型，本身就隐含了"单元"的概念。一棵树作为基本单元，可以被复制，而成为林。这一状况就暗含了一种基于网格的均质空间的特性。树林不正是这样一种空间状态吗？树林还具有这样的特征：边界自由、可无限延伸，因此建筑如果是这样的空间体系，

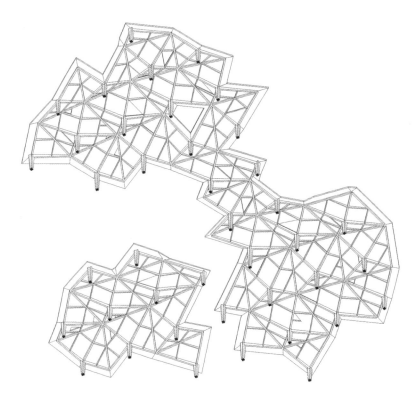

上：木结构及屋顶轴测仰视图
下：1:1 结构模型

可以很好地适应场地，例如自由地边界可以很好地结合地形、避让要保留的树木。而可延伸则意味着平面的灵活性，可以在任意处截断，因此很适合分期建设，而每一期建设的平面自身都具有完整性——因为边界是自由的。由此形成的平面正是一个没有等级的场域 (field)，而非一个形状。就如你不会太记得树林的形状，只记得树林里的氛围。而基于树状结构单元的体系从建造上则可以采用预制装配式的建造方式，以适应在公园里建造的条件，缩短工期，减少对环境的影响。

　　基于上述种种，设计开始自然演进。首先发展的是以柱子为中心并伸出四条悬臂梁的树状结构单元，然后是确定格网的尺度，这与想营造的空间高度具有一定的比例关系。梁柱单元在格网基础上重复组合形成整体的空间结构。柱网非常规则，就如停车场，只是让梁的轴线加了些曲折以获得些变化；柱子的高度有三种，正如自然的树，类型相同但每一棵又不尽相同，这样整体的空间就产生了起伏，而屋顶也成为一个生动的人造景观。自然真是给予我们的想象无尽的养分。应该说，这样一种基于单元同构而又允许适当变化的生成方法很好地实现了控制与自由的关系，既可标准化生产，又能制造丰富性。这类似于伍重基于对植物的

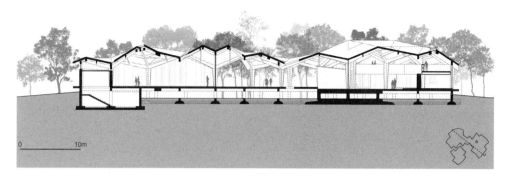

剖面图

首层平面图

观察发展出加法建筑(additive architecture)的方法，也类似阿尔托提出的灵活标准化(flexible standardization)。[3]

　　这样一个出发点，让我们自然而然地选择了木结构——木材的轻质、加工安装快等特性，以及材料营造的氛围都符合设计意图。我们让整个木结构的建筑坐落在一个从地面上抬起的混凝土平台上，一方面有利于木结构防潮，另一方面将机电设备系统及检修空间布置于平台之下，使屋顶解放出来不用再做吊顶，还原为纯粹的结构和空间。结构单元形成漏斗状的屋面单元，雨水汇聚后从隐藏在柱子中心的雨水管流到平台下面。

　　建筑外部为了强调树形结构的形式，有意识地将结构呈现在立面上。木材本身是隔热材料，技术上恰好可以这样做。建筑的围护墙体则采用不同的材料以凸显结构。围护结构以玻璃幕墙为主，以便外部的风景最大化地进入内部。实体部分则就地取材采用现场基础施工挖出来的土做成夯土墙，夯土可以自然呼吸，有效调节室内的相对湿度。作为主体材料的木材和夯土，一方面它们的自然质感呼应了场地中的泥土与树木，另一方面，由于木和土都是理想的保温隔热材料，无需再单独做保温，结构和墙体都是单纯的实体构造而且内外一致，因此建筑从外部和内部均使得结构和墙体的建构关系得以清晰呈现。

室内的形式逻辑是夹层、房间等空间元素均采用其他材料 (钢板、夹纸玻璃等) 与木结构在视觉上脱离，形成或悬浮或散落于木结构所营造的树林空间之中的意象。

地面的碎拼石板意在加强空间的无方向性，深灰色调则加强木结构从地面的上升感。屋面的木瓦外露表面完全不做防腐处理，经过自然风化后色彩将变灰以期更融入环境。室内的照明主要由两种灯光构成，悬吊于 3m 高度的灯罩满足地面照度的同时，在夜晚的高空间中又形成了一个低空间尺度，以保证人在坐下来时候的尺度亲密感。在柱子和梁交接处的洗顶灯则完成了对顶部结构空间的描绘，使得在晚间屋顶的空间形式可以被感受到。

在完成的建筑中游走，空间本身不具有明显的方向性。视线总因循于外面的风景，正如在树林中漫步。家具与陈设布置的变化赋予空间完全不同的使用方式，容纳不同的活动——展览、酒会、婚礼等等。在这个建筑里，场所的特质因此不依赖于某种特定的使用方式而更多依附于建筑本身——空间与结构的形式、材料、光线，以及它们与场地共同作用所形成的氛围。

2015/8
(本文原载于 2015 年 8 月《时代建筑》杂志)

注释
1 参阅 Martin van Schalk, Otakar Máčel. Exit Utopia: Architectural Provocations[M]. 1956-76. Delft: IHAAU-TU Delft, 2005: 158.
2 同上
3 参阅 Michael Asgaard Andersen. Joern Utzon: Drawings and Buildings[M]. New York: Princeton Architectual Press, 2014: 163.

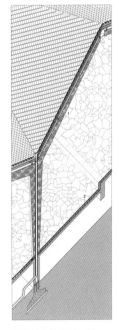

1 14 mm 木瓦
   40 mm 挂瓦龙骨
   2 mm 防水卷材
   50 mm 顺水龙骨
   15 mm 欧松板
   70 mm 挤塑聚苯保温板
   2 mm 隔汽层
   7 mm 欧松板
   70 mm 木檩条
   25 mm 木望板、
   主梁
2 30 mm 黑色板岩
   20 mm 水泥砂浆结合层
   50 mm 细石混凝土
   18 mm 镀锌低碳钢丝网
   真空镀铝聚脂薄膜
   60 mm 挤塑聚苯板
   防水涂料
   120 mm 钢筋混凝土结构

梁柱单元轴测剖面图

上｜左：木梁柱加工
上｜右：金属件联接木结构梁柱
下｜木柱及主梁安装完毕

左 | 上：木结构及屋顶轴测仰视图（局部）
左 | 下：主梁次梁上安装檩条后及覆盖屋
　　　 面后的夹层
右 | 木结构及屋顶局部仰视

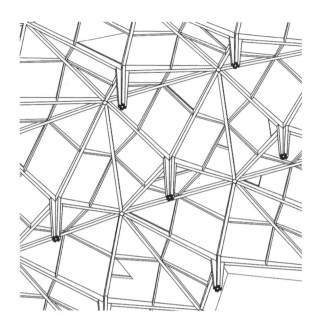

左 | 上：夯土原料
　　　　　从左至右：小碎石、基础施工挖出的土料、
　　　　　铁黄、与水泥拌合后的混合料
左 | 下：夯土墙施工过程
右 | 夯土墙肌理

《世界建筑导报 AW》访谈

AW：您的项目背后有没有隐含一些共同的设计模式或者哲学逻辑？如何呈现为具体的设计理念？

华黎：如果有，应该说就是我所有项目都关注建筑中更为本质的意义——假如我们相信本质存在的话。我们正处于一个被过多不需要的和虚幻的形式包围的世界，因此剥除纷繁的幻象，呈现更为朴素而内在的秩序就尤其有意义。我用起点和重力的概念来描述我的设计观。建筑应该寻找起点，回到对场所、空间、建造的出发点的探讨。而重力是建筑在此时此地的物质存在。起点是单纯、无形的，重力则是复杂、有形的。重力使建筑与当时当地的人和物发生千丝万缕的联系，就如植物与土壤的关系。因此如果说起点是关于建筑学本体意义的探讨，重力则具有更多的社会和现实意义。起点是一种具有普遍性的整体概念，而重力则是面对每一个案的特有条件时需要的具体策略，对场地、气候、资源、传统、建造技术、造价等等因素的特定理解和回应。我将这种把建筑与其环境视为整体来考量的观念称之为"在地"建筑。

AW：对于云南高黎贡手工造纸博物馆，您最初的设计想法是什么？您认为这些想法在实际作品中实现得如何？有什么遗憾吗？

华黎：这个项目就是一个"在地"建筑的例子，最主要的想法就是做一个扎根于当地的房子。建筑在形式上与村庄的环境去呼应，考虑形态、尺度、景观、气候等，建造上完全采用当地材料，并由村里的工匠来建造等都是基于这个想法。同时它又是一个新的东西，我将之比喻为联姻，外来事物与本地传统的联姻，形成了一个新的结合体，而它或许又将成为当地传统的一部分。实际作品应该说大部分实现了这些想法。尽管手工做出来的东西看着没有那么精致，但这是符合这个建筑的性格的。正是手工的东西比较有情感。而自然材料所具有的一种时间感，也赋予了这个建筑更多的生命感和表情。

AW：您在报道中提到孝泉民族小学是"建造的本地化，而非建造效果的本地化。"应该做何理解？

华黎：建造的本地化就是说应该从当下和本地所具有的资源和建造条件出发去考虑设计。因为我们想让这个项目参与到当地的经济和社会重建当中去，而不是简单接受一个外部馈赠的结果（比如那些对口援建的交钥匙工程）。建筑的地域性很大程度是与建造方式相关的。而建造效果的本地化往往被简单化地理解为一种既有风格，这是我们要避免的。尤其是只从效果出发而不考虑建造方式的本质意义——例如用混凝土模仿传统木结构的形式，或者用贴面材料去伪装成砌筑墙体，这种做法是我坚决反对的。建筑在设计之前绝不应该有先入为主的形式去模仿，那样只能导致一种对建筑形式僵化的理解。

AW：您如何看待建筑对于社会的影响？您认为四川孝泉民族小学对于灾区，高黎贡手工造纸博物馆对于当地村落具有哪些意义？
华黎：建筑本身是为人的，并非只是其自身做为一个抽象的秩序。因此对空间、建造的思考都应该回到对人的关注。具体来说，孝泉小学项目主要是创造了一种可以给学生更多活动可能的城市空间，让他们在学校里可以很快乐。而对于小学生，快乐很重要，这是我将对教育的一个理解体现在了建筑上。我相信建筑给生活带来潜移默化的影响，长久来看就是对社会的影响，它会改变我们的一些观念。造纸博物馆项目的影响，我想主要是创造了一个村民和外来者交流的场所（也是村民聚会的一个公共空间），让更多外来的人来了解和体验手工造纸，对村民的生活会逐渐带来影响。经济收入、文化交流等等。此外，这个基于本地建造的尝试也使我和工匠认识到榫卯建造体系不同于传统形式上的可能性，或许对发展这种传统的应用有一定帮助意义。

AW：在您的设计实践中是如何对过程加以控制的？如何能最大限度地保证项目建成后的品质？有哪些经验？
华黎：是说建造过程控制吧。一是在设计阶段就要对当地的建造条件和特点有所了解并在设计中有所考虑，这样不至于太脱离实际，二是经常去工地了解，并与施工方做充分的沟通，即时解决问题。但具体操作还是很难，比如我们现在正在施工中的武夷山竹筏育制场项目，清水混凝土的浇筑尽管交底时与施工方做了很多沟通，由于施工方的管理和工人的水平都比较差，现场派了驻场建筑师也还是有很多做不好。问题很多，还需再想解决办法。所以我觉得控制建造必须深入到现实条件中创造性地去解决问题，而不能只凭以往经验和知识。

AW：无论是从设计理念还是设计实践，无论是针对具体的地域或者普泛的中国，您能对"继承传统最重要的要继承什么"做些解读吗？
华黎：能够被继承的传统只能是种精神，是无形的。因为任何有形的东西都会消亡，都会被时间淘汰。因此传统必须能不断有活的载体与当下生活产生联系，才能继续成为传统，否则早已成为木乃伊。中国传统里最值得继承的应该是回归自然之道吧。这种源于农耕文明的历史传统既体现在士大夫或现代文人把玩园林，又体现在农民向地上吐痰等诸多现象。对于在城市里无法直接获得自然，寄情于物是回归自然之道的一种方式；而对于乡村来说，土地母亲包容一切，循环一切，吸纳再孕育，一切回归土地亦成为一种自然之道。因此传统作为一种无形的精神，必然有很多不同载体。建筑上要继承传统也必须放在我们当下的语境和具体建造条件下去考虑。例如在乡村盖房子，你必须要考虑因地制宜和就地取材等等，这种方式本身就是一种自然之道。
全球化本身实际上就是一种殖民。因此任何一种地域传统都面临外来力量的侵略。例如机器制造方式来了，手工传统就会退化和让位，想要保持不变是不可能的，除非在一个封闭的系统内。因此传统本身就是一个不断吸收、消化、演变的活体，而不是僵化的教条。

AW：在中国农村城市化的过程中，建筑上应该给予哪些回应？
华黎：这是个很宽泛的问题。不太好一概而论。现在农村城市化过程中，农民都是自己盖房子，他们并不需要建筑师。那些房子在向现代化看齐，大量使用工业材料（瓷砖、铁艺等）这是不可阻挡的，粗看好像挺粗糙的，但它很生活化。而且每家仍有些区别和个性。而一旦发生政府集体拆迁规划重建的时候，建筑师登场了，结果往往是一片机械复制的住区，毫无生气的建筑。这实际上是由农村城市化的发展机制决定的，而非建筑设计决定的。我认为理想状态是自下而上的自发城市化。一旦自上而下的话，建筑也要尽量避免简单粗暴的方式使新建的与原有环境毫无关系。尽管农村城市化往往意味着居住人群和生活方式的改变，建筑不得不适应新的需求，但如果没有密度上的剧变的话，从城镇空间的肌理、尺度上，从建筑的空间类型、建造方式上还是可以寻找与文脉的关系的。但一旦整个城镇是覆盖重写式的城市化，那建筑师也只能搞一些外来模式套用了，它必然导致与过去的断裂。

AW：在您的建筑经历中，对建筑的认识是否存在某些阶段性的变化？是自身的还是外部的环境因素带来的？
华黎：我对建筑的认识应该说是随着对建筑的自身感受和体验逐渐形成的，并不存在一个突然的转变。对形式的感觉和趣味更多是来源于自己生活经验所形成的潜意识，而对于建筑的社会性以及建造的理解则更多来自于实践的日积月累和观察思考。

AW：您的设计事务所今后的发展会有何侧重？
华黎：我的事务所会保持在一个小规模，并控制项目的数量，因为我认为建筑还是有很多个人感觉在里面，我需要介入所有项目的过程和形式把握，所以并不想做成只是想个概念然后靠团队完成的方式。项目上我还是对有着鲜明地域特点和场所属性的项目比较感兴趣。但是这并一定局限于乡村或偏远地区，城市边缘、城市中心的项目也可以挖掘地域性和场所属性。也就是说我们感兴趣的还是建筑与场所、环境的关系，而不同场地会带来截然不同的问题和解决策略。我并不想把自己限定在某个类型。此外，我对材料和建造的因地制宜仍然很关注，比如我们会在项目中考虑用基础挖出的土来做建筑的夯土墙，或用场地中挖出的石头来砌墙，还有用现场堆土来做为模板浇筑混凝土等等想法。这些有别于现代工业体系之外的做法，我相信在它所适宜的环境中仍然具有生命力。

2013/10

在地：华黎的建筑之道和他的建造痕迹

王　路

华黎无疑是中国当代优秀青年建筑师中的重要一员，近年来有不少收获。先后在清华和耶鲁受到建筑学的基本教育，华黎于 2009 年在北京创立了迹·建筑事务所 (TAO)，当然之前他在纽约和北京已经有近十年的建筑实践。

给事务所起名"迹"，我想华黎他一定是个闲不住的"浪子"，不但要四面八方地跑，东寻西找，还要"在地"，干出动静，留下建造的痕迹。当然取名"迹"是华黎用以表达对在全球化语境下那种无视生态、浪费资源，大规模的粗制滥造和形式主义建筑的批判性立场。正如华黎自己强调的，TAO 关注通过空间的诗意和建构的清晰来呈现建筑的本意。由于建筑总是处于特定地域的自然和人文环境中，因此 TAO 的工作是基于对项目此时此地条件的深入理解和尊重，营造根植于当地社会土壤和环境生态的当代建筑和景观。对场所意义的营造、场地及气候的回应、本地资源的合理利用，以及适宜的材料与建造方式等命题的探讨，构成了事务所工作的核心内容。

云南高黎贡手工造纸博物馆是华黎的代表作之一，从其设计建造中我们可以对华黎的建筑思考和实践有所领略。该项目基地位于云南腾冲高黎贡山下的新庄村，当地有手工造纸的悠久历史。为了改善和延续这一传统技艺和地方文化，当地希望通过引入外部资金，建设一个博物馆，既作为地方文化展示的一个窗口，也能起到保护这一传统资源并促进社区发展的作用。坐落在村庄边缘的田野中，造纸博物馆除了展厅，还有接待、社区中心等内容，由 6 个形状各异的形体围绕中心庭院构成。作为风景和聚落环境中的一个组成部分，这一由多个小体量构成的建筑簇群，如同一个微缩的村落嵌入基地。建筑的整体形态配合东高西下的地形逐渐跌落，起伏有致的屋顶景观，与周边的山势和田野遥相呼应。建筑的内部，由一条连续的路径串连起展示陈列与其他功能块。各个体块及之间的缝隙，犹如虚实内外的呼吸吐纳，为建筑的游览邀入优美的田园风景。博物馆从设计到建成经历了两年多的时间。由于在乡村建造，建筑充分利用当地材料，采用当地传统的木结构体系并引入现代的构造做法，并由当地工匠参与完成建造。

从该博物馆的设计中我们看到，也如在华黎近年来在多地所做的展览和讲座中点到的："在地"是他追求的一种状态。迹 (trace) 是 TAO 要去寻找去发现并去再现去延续去拓展的

"在地"建筑的"生命轨迹"。所谓"在地",指的是建筑能植根所在,属于这片土地,由地方的营养而生发,并能友善地与邻里对话,自然的,人文的。

"空间"和"建造"是华黎建筑活动(思考的、实践的)的两个基本点。空间是一种原型,空间诉说记忆,空间激发灵感。华黎能以其特有的敏觉去看、去闻、去碰触、去聆听,从地方建筑传统、聚落空间结构以及建造技艺中去发现提取那些曾经活得好好的,现在半死不活,但经过医治可以妙手回春的"痕迹"。把华黎和华佗扯在一起是胡闹,但好的建筑师有时确实就像个好大夫,通过把脉,察言观色,从点滴迹象中找到病因所在;也如神探,能从蛛丝马迹中找到案情症结。当然作为个体,大多数建筑师也希望自己能像琼斯探宝一样,带着激情和冲动在历经千难万险后会会心爽朗的笑容和快感,能实现自己的"宝贝"梦想。事实上很多建筑师也是在"过去"中寻找可以转译为"当下"的迹象或者参照(reference),路易吉·斯诺兹(Luigi Snozzi)的"void",阿道夫·罗西(Aldo Rossi)的"layers",戴维·齐普菲尔德的"principal",彼得·卒姆托的"atmosphere",还有巴拉甘的色彩,虽然在墨西哥的乡村人们到处都能见到"巴拉甘",但巴拉甘的建筑不是那些乡村建筑的翻版,而是一个来自乡村但经过"当时当地"主观意图的洗礼而呈现的新的景象。

在无休止的全球化的冲刷下,地方的特征变得模糊起来。寻迹,为了一种地方或建筑的识别性或身份,为了"在地",为了能依附于一个深广的根系,对空间的思索和塑造只是一方面。华黎的设计思考虽然开始于对当地气候、建筑资源、建造传统的考察与理解,但他更希望能从建造的角度将建筑植入"当地",因为"建造—而不是形式—才是建筑的地域性最本质的出发点。"发现和呈现建造的痕迹成为华黎建筑的一个基本属性。

乡村建筑的建造方式还留有很强的手工特征,并在长年累月的进化中留下时间的痕迹。高黎贡手工造纸博物馆的建造也是设计师和当地工匠在现场紧密交流配合的结果。华黎自己说:"习惯于传统营造方式的本地工匠不大会看图纸,因此设计与工匠之间的交流主要通过模型和现场的交流。没有施工图,纸面(设计)和现场(建造)的距离被拉近,且融汇成了一个开放的过程,许多构造做法是过程中与工匠讨论和实验确定的,而非预先设定。最终的做法对工匠们来说是用熟悉的方法做出不同以往的结果。这岂非也是对传统木构做法的保护发展?传统不是僵化的,就是要不断更新才具有持久的生命力。虽然木构由于国家整体木材资源有限,注定不会成为未来建造方式的主流。但是在局部地区尤其是乡村环境中,由于其经济性和生态性(尤其是可拆装迁建重复利用的特点)仍具有广泛应用。这一传统技法的更新发展具有现实意义。"

我们看到,建筑要解决的问题实际上是挺综合的,所以一个好的建筑的产生往往也是多种因素整合的结果,这种整合,不是简单的把构成房子的零零碎碎在物理意义上的拼合,而是一种多方面因素间彼此关联的整体表达，而这种表达是通过建造——就像摄影定格——把所有这些影响力在一个特定的时空节点中加以固化并呈现。因而建筑不仅是空间的，也是时间的。每一次建造活动都有它的唯一性，彼时彼地，或此时此地，留下时间的痕迹。正如华黎指出的，建筑植根于当地的土壤，通过与当代生活的结合，促发新的生命力。"在地"就是当地，就是当下，就是在场，就是此时此地。所以对"迹"的探寻并不是为了维持原状，也不是为了重现，而是为了能与当下结合，在原有文本中的续写，延续当地传统并将其快乐地纳入当代生活。高黎贡造纸博物馆设计采用当地的自然材料，反映建造的内在逻辑，以及建造过程的痕迹与特征，建筑适应当地气候，充分利用当地材料、技术和工艺，探讨了传统空间类型的当代转译问题，它不是一种简单的"过去"的符号化的"迹"象再现，而是在"当下"农村这一实实在在的资源和条件下，建构逻辑的"在地"呈现。

我们可以对高黎贡手工造纸博物馆有各种主观的评价，但我基本认同华黎的建筑态度和取向。建筑从来不是一种发明，建筑师需要的是拥有敏锐的观察力和判断力，能远观其势，近察形迹，在"已有"中去发现，在"当下"中去重组，落地生根，与众不同但有迹可循，真实而清晰。

2013/10

落地生根——浅析华黎的建筑之『道』　金秋野

华黎的设计简单。简单不是指形式上的"简洁"。有些人的作品看上去干净不罗嗦，其实设计和实施的过程却煞费苦心，需要精心推敲节点构造，施工过程也大费周章。这种"简单"是以"复杂"为代价的，别有一种费力。说华黎的设计"简单"，首先是"不费力"的意思。立意清楚不夸张，赖以实现的技术手段不拖泥带水，材料、工具和人力就地取材、适可而止，建成的作品也都有一种从容不迫的神情，好像十分力气只用了六七分。

翻翻设计杂志，满眼都是费力的设计。有的是构思费力，努着劲追求意义；有的是建造费力，用钢和混凝土模拟山形水势和动物内脏，把实验性的材料千里迢迢运到现场，只为一点新奇的效果。这些做法都不自然。我们现在说自然，总是把人排除在外，好像指的是与"人"相对的"大自然"，其实并不完全。在中国上古的观念里，自然本就是世界上有形和无形的、运动和变化着的一切，这是狭义的说法。广义上，自然就是"自然而然"，人不去干预也按照自己的规律运行，对于人来说，尊重自然就是保持事物本来的样子，本来是怎样就怎样，不做或少做干预，不仅对环境如此，对人事也是如此。现代时代讲"知识就是力量"，讲"人定胜天"，自信能够驾驭一切，古人不是这样讲的。

乡下的土房子、城里的私搭乱建，也都简单。民间的建造者追求的是省力省钱，他们不像建筑师喜欢自找麻烦，但苦于省无可省，所以房子还是不够从容。民间建造的好处在于朴素多姿，但没有规矩，有点杂草丛生的感觉。建筑师则相反，他们受制于专业知识的束缚，一板一眼，不能自由。设计的难处在于，既要掌握简单有效的建造手段、妥善驾驭各种笨重的材料，又要有组织专业技术和形式语言的能力，因为知识本身就是力气，要懂得轻重缓急，不能把力气使尽。

华黎做建筑就是善于从民间建造中吸取有生命力的东西，又懂得含蓄。所以，虽然构思简明扼要、建造直截了当，却因含蓄而耐看。少则得，多则惑，排除杂念、守静知柔其实是一种自信。比方说，为了不把力气使完，首先要在概念上多留余地。华黎说，对环境，要有一种"轻"的态度。有时候，它是形式构思的来源，如在"半山林取景器"和"林间办公室"设计中，建筑布局来自于对场地原有树木的避让。有时候，它意味着建筑与场地结合的方式，如"水边会所"。有时候，它意味着处理材料的态度，如"高黎贡手工造纸博物馆"中木材和纸的使用，或"武夷山竹筏育制场"纵砌的空心砖，以及"孝泉民族小学"等项目里的竹吊顶。更多时候，"轻"意味着一种行动法则："这种建造传统里隐含的就地取材、可循环等对环境的一种'轻'的态度，可以持续。"例如"林建筑"就地取材的夯土墙，就是利用场地开挖留下的余土。简言之，"轻"就是不干预、少干预，随形就势、顺应常态。相对于一律用推土机推平的粗暴式开发，华黎所谓的"轻"并不省力，它要求设计师凝神屏息，轻拿轻放。所以华黎常说的一个词是"谨慎"。推平场地的方式固然省心省力，环境效益却极为低下，行动上像是对力量的滥用，概念上也流于粗笨。"轻"则知雄守雌，流露出一种智识上的游刃有余。减少人为的干预，建筑的"弱"成就了环境的"强"，建筑只是穿针引线，"因势利导地利用场地条件建立起生活和环境的关系"，按照华黎自己的话说，是对环境的"成全"。

第二是要适度，尤其是在方案实施层面，拿捏分寸，不足胜有余。设计概念的基础是造价。所以华黎在写设计说明的时候偶尔会算账。比如由捐款来建造的"常梦关爱中心小食堂"，180m² 的小建筑，造价仅有 25 万，必须精打细算，它不能不是"朴素"的，必须以最经济和最易操作的方式来实施，采用自然排水、轻钢屋架、波纹镀锌钢板屋面、固定中空玻璃，"摒弃一切想要附加在建筑上的任何矫情、主观的东西，剥去任何无谓的形式感和装饰"。在这样"基本"的建造条件下，却取得了良好的实施效果，因为设计师意图简明，就是要造一个像家庭般的就餐氛围，所以无论长桌、天窗、小庭院、门廊，无不是为这一效果服务，而能协调一致。"孝泉民族小学"规模要大得多，在不多于 1500 元 / m² 的造价限制之内，建筑师创造了紧凑有效的功能布局和灵活生动的空间氛围，最重要的是，那些朴素的材料组织起来，有一种含蓄的美，并不显得高高在上。但"适度"的真实含义是在预算允许的范围内有得体的表现，朴素有朴素的美、华丽有华丽的美，唯有如此，才不至于落入"低造价表现主义"的窠臼。故而，在处理"林建筑"这一类预算不那么紧张的项目的时候，华黎通过几种简单形式要素的精密交织和规则结构母题的巧妙变化，为建筑赋予一种丰富而高贵的气质，但依然是朴素有力的。因为设计师能够合理选择，造价不再制造麻烦，反而成了机会。除了预算控制，"适度"还表现在对建造效果的总体把握，不仅设计手法和材料使用上保持低调，对建造精度的要求也适可而止。如在"高黎贡手工造纸博物馆"中，华黎探讨了精致与粗糙的关系，意识到粗糙本身所蕴含的时间美德和手工品质，从而在乡村的现实里悟出了美的相对性。任何事物都包含自身的反面，美与恶，其相去若何？喜乐多姿、平淡天真，是中国艺术语言师法自然而达到的境界。然而习惯于把握分寸也会失去冒险换来的姿容，所以孙过庭说"既知平正，务追险绝；既能险绝，复归平正"。苏轼也说："大凡为文，当使气象峥嵘，五色绚烂；渐老渐熟，乃造平淡"。而西扎的造型里就是有这份"人书俱老"的圆融之感的。

第三是要无成见，无分别心。看了"高黎贡手工造纸博物馆"，你可能以为华黎流连于浪漫乡土的怀旧情绪，是所谓"发展主义"的顽强抵抗者。但在"智萌幼儿园"或"中国电影导演中心——C9 厂房改造"等项目中，建筑师熟练地操纵着抽象的几何形体，探讨建筑与聚落、城市的关系。"武夷山竹筏育制场"和"孝泉民族小学"涉及现代乡村的基本建造，"半山林取景器"和"水边会所"里有抽象的现代美学。这么多不同角度的尝试、不同类型的语言，是设计师适应具体设计条件的结果。华黎的建筑因此有一种兼收并蓄。纷纷扰扰的现实条件，对建筑设计而言是具体可感的，华黎把它比作"土壤"，而建筑就是生长于其上的植物。对自然、对乡村环境，华黎都能从建造的角度推演出特定的建筑策略。好拳师不挑对手，好诗人不抱怨时代。华黎将"地域性"理解为此时此地的具体条件，以中国幅员之广，各个地区可以说处在不同的历史阶段，如今却在同一个舞台上粉墨登场，这是何等壮观的一幕：假如建筑师是拳师，他面对的敌人从史前巨兽到钢铁巨人，什么都有。好拳师会因此兴奋不已。

但是，无成见不等于无立场，没有自己的源起和流向，一条大河是无法融汇百川的。普遍的价值适合作为目标而不是作为前提，这一点毋庸多言。华黎反对把建筑作为抽象秩序的操作方式，但显然，他并不排斥在形而上的层面，建筑依然可以有一个纯粹抽象的"理式"存在。我理解，这种态度与现代主义的一些基本教义有关。在"小食堂""造纸博物馆"等好几个项目里，华黎都在尝试不同种类的"窗"在功能上的分离，"一个物体只有一个功能"。这种对功能——形式关系的图表式分解，即是现代建筑美学的特征之一，它不仅出现在柯布的拉图雷特修道院中，也出现在密斯让柱脱离墙体的时刻，以及康让卫生间和楼梯间等服务性功能从建筑主体中析出的构思中。"分析"本就是分而治之，使含混一体的事物分崩离析，这么一想，就不难理解这种观念背后的历史——哲学背景。同时，华黎一直避免个人风格的"形式图章"，面对白纸一般的基地，他会选择合适的设计语言去应对，如抽象的白盒子。

可是，在所有外在约束的底层，基本的建筑语言是什么？纯白抽象的几何体真如看上去那样抽象客观、不受任何文化血缘和观念脉络的羁绊吗？"避开树木"作为前提可以导出布局规则，但它可以提供具体的形式语言吗？抽象性是否可以用来应付限制条件的缺失？如果说建筑师(诗人)个体的精神生命会凝练为一套形式语言，它会随着具体情景的消失而归于"客观"吗？诗人是如何"自设周遭"而在抽象的条件下表达自我的？对于建筑师来说，形式图章真的是必须抛弃的吗？还有，对于深受现代建筑教育影响的当代中国建筑师而言，如何在"抽象的现代"和"具体的现实"之间寻求契合点？这些问题都让人困扰。

还好，城市文明还没有横扫一切，还有高黎贡山这样的地方，为形式构思提供了充沛的资源。针对乡土社会和自然环境，"高黎贡手工造纸博物馆"的概念构思包含着三个层次的响应。第一个层次，华黎选择了直接反映地域特征的自然资源和建造传统，如采用杉木、竹、火山石及手工纸等具体事物，以及聘请当地的工匠手工建造，现场解决问题，完成了建造方面的构思；第二个层次，在稍微抽象的语境中，将村庄的物质形态，如建筑造型、轮廓线、街区尺度、建筑与山形的关系等进行图示化的抽取，完成了形态方面的构思；第三个层次，在更加抽象的语境中，让上述建筑要素以尽量真实的外貌、适度精准的交接、对环境尽量少干扰且相当易被时间影响的诗性方式组织起来，成为思考过程的坦率见证，将设计构思引申到哲学层面，探讨以下问题：关于审美的相对性；关于自然不仅是智慧，更是信念或敬畏；关于"时间"与"物性"的关系；关于传统存在于运动和变化之中；关于城市和乡村的相互作用等。

然而"高黎贡手工造纸博物馆"还是有点概念化、图像化的残留。这种感觉，大概源于项目本身的类型：博物馆本来就是把生活抓进笼子里供人观赏的现代工具。不像小学校，博物馆在乡下的环境里少了社会需求的支撑，不会太鲜活。博物馆是属于城市的，喜欢博物馆的都是远离土地、习惯了笼中生活的城里人，而不是自由自在惯了的乡下人。对于乡下人来说，生活不在概念层面上发生，传统和现实搅合在一起，你不去理它，也是聚了又散、散了又聚，如风吹沙，抓也抓不住。博物馆建在菜花田中，城里人看到了，勾起了乡愁，心里会生出感动，这份感动不如小学校里嬉戏的孩子的快乐真实。跟天然的快乐相比，智识化的情感都不自然。

谈到现实，在堂堂"文明世界"的映照之下，中国的现实显得荒乱杂芜，但另一方面却也因此是幽深而有意味的。如今工业文明的弊端清楚地暴露在人们面前，而正在被吞噬的乡土，反而成了选择其他现代化途径的实验田。表面上，乡村既不"文明"也不"卫生"，却像一面镜子，提供了一个难得的机会，去照见文明自身的问题。华黎敏锐地意识到乡土中国对环境"知天命"式的顺应中包含着一种天然的可持续效果，相比之下，城市文明傲慢而缺乏耐性。但是，跟乡土一样，工业文明的孔武有力也同样给我们机会去思考力量本身的优劣得失，况且，人们没有办法阻拦技术的入侵和发展。因此，如何使现代文明在乡土世界中软着陆，考量着当代人的智慧。文明就像潮水，来时席卷万物，去后留下绿洲。文化保存的责任是留住那些不该丢失的东西、自然而然的东西和淳朴天真的东西，让它在洪水去后依然能够生根发芽。任何价值追求（主义）都有两面性的，都会催生偏执和狂热，而建筑师要能避免专业性的自我感动的冲动，保持理智的超然，无偏见地体察现实，倾听人们心底的声音，谨慎选择，保持中立。回顾历史，革命者制造的麻烦比解决的问题还多，浪漫的乡土诗人们的实践于情感有益而于理智无功。

因为"反"是天道所存，一切不可逆的皆可逆，工业文明也将为自身的发展所消解。所以，即使是这样强大的对手，亦可等闲视之。华黎和朱竞翔有过一次对谈。从设计哲学上说，两人如此不同，这次对谈却是在寻找共识。在尚未建成的"常梦关爱中心儿童画廊"中，华黎打算使用朱竞翔研发的"轻钢龙骨建造体系"，因为它的标准化、易于控制和较短的施工周期，可以为建造质量提供保证。原来对华黎而言，在一张白纸上使用工业化的画笔做画，也是自然而然的选择。故而，乡下的建筑可以用木构、石材，也可以用混凝土和空心砖；城里的房子可以用集装箱、锈蚀钢板，也可以夯土。所有材料和建造手段皆可一视同仁，不会因为建筑师的立场和审美习惯去刻意表现，更不会去启蒙煽动、强加于人。对待现实，华黎就是这样无成见，他的作品也因此受益，保留了对现实的批评，却巧妙地避开了情绪化的表达，使人感觉到包容亲切。

回头再来看设计概念上的清晰和单纯，我想，那是观念的操练，是将感觉具体化为空间的形式悟性，以及在反复的尝试中逐渐习得的稳健精准。"小食堂"要的是"安静亲密"，于是有了那个天窗和微微抬起的风雨廊；"儿童画廊"要的是"柔和亲切"，于是就有了梁底的弧形处理和漫射的天光；"林间办公室"要的是"融入自然"，因此有了蜿蜒的体量和逐层退台的布局；"孝泉民族小学"要的是"游戏的童年"，于是有了那些若明若暗的街巷、台阶、檐廊、庭院和石屋、厚墙里凹入的窗洞与微妙变化的地坪标高，以及如小城般蜿蜒、探索不尽的空间。要有细致的观察力，才能从平凡世界中广泛取材，用便宜的材料、低廉的造价、轻松的笔法和自在的布局，造出耐人寻味、充满想象和回忆的空间。试想那些台阶和墙壁，将被多少只手亲切地抚摸、被多少双眼睛好奇地探索，被多少点滴亲切的童年往事填充，刻在脑际、留在心间，改变着一个人对空间环境的知觉与想象。对生活在此地的孩子们来说，这真是一个体贴又实在的大礼物，而它又那么简单。因为简单专注乃能清晰有力，故不能简单地称其为"简单"。

华黎经常把自己的设计动机归纳为"起点"和"重力"，"重力"是沉默无声的力量，把万物带回泥土里。古人说"夫物云云，各复归其根。"华黎强调"在地"有三层意思，一是谈个别场所的特殊气质；二是让建筑接地气，通过建造过程的细致推敲使之融入环境；三是因地制宜、就地取材。这里又包含着两种取舍。一是放下抽象的建筑知识，回到真实世界里的平凡建造；二是放下发达健全的城市文明，回到身边那些被怜悯、被忽视、被误解、甚至被嘲弄和自我嘲弄的真实的生活。重力导引水流，在低洼处聚成池沼。在世界工业文明的版图中，后发工业化国家就像个巨大的洼地，汇聚着脏水、毒雾、急躁、妒忌和不满意。人们普遍认为现实就是个臭水坑，但是老子说，"居众人之所恶，故几于道矣"。老子的说法跟大家的看法不同，他的意思是，能安于真实的境遇，如居下流，水潦归焉，这是近于获知真相的境界。

在很多人眼里，当代中国社会充满了浮躁的恶趣味，商业资本同官僚制度共谋，理想和纯真遭到放逐，建筑师因此天天抱怨缺少机会，对现实感到绝望。然而，翻看华黎的作品集，你会惊奇地发现，同样是这个现实，却给了他这么多机会，实现了这么多理想，而那些项目，在规模、造价和地理位置上，多数都是其他建筑师不屑一顾的。搞不懂是怎么找到这些机会，又是怎么说服甲方去实现这些项目的。有心人在机会最不可能出现的地方制造着机会。

现代建筑到中国，一直有点水土不服。这种水土不服，源自它的信徒们的一种奇怪的矛盾心理。一方面，他们觉得唯有原汁原味的先进建筑可以挽救中国的物质环境；另一方面，又抱怨这里缺乏足够的物质保障使得先进建筑得以顺利实现。总有人以为一种语言的移植，越是原汁原味越好，殊不知语言不像宠物是纯种的好，语言是越杂交越有生命力。华黎在国内和国外受的都是正统的现代建筑教育，这种经历限制着一个人的视野和想像。但是，现实总是要把书本上的知识来反一反，越是扎根泥土，就越能早早意识到这个问题。禅宗说"见佛杀佛"，那是智识上的灵活机变，必先自我否定而后有所得，甩掉任何意义上的包袱和自以为是的知识傲慢，从泥土里获取养分。根系越深、姿态越低、承受越多、离"道"越近。

华黎的工作表现出他对现实怀有足够的谦逊。他并不乐意扮演"文明传教士"的角色，将"先进技术"和"国际经验"不加辨别地空投到中国的土地上，而是更乐意从现实中学习，反思知识的可靠性。结果这种谦虚的姿态反而产生了积极的效果，对他来说，日复一日的建造活动成了求知和精进的过程。靠馈赠和施舍来劫富济贫，将"进步"强加给身边世界，听起来直接而有效，但一直以来，都是城市馈赠乡村、精英馈赠草根、富有馈赠贫困、先进馈赠落后、西方馈赠东方，而前者的充足，正直接或间接地造成了后者的贫瘠。华黎对教育和启蒙都有怀疑，他说："全球化本身实际上就是一种殖民。因此任何一种地域传统都面临外来力量的侵略。"这种怀疑的力量就像根系，它会慎重而坚决地侵入基础，瓦解整个知识大厦，在心中播下这样的种子：城市和现代文明并不像表面上那么光鲜，而充满了身体知觉和生命意识的历史和乡土却可反哺于文明自身。在现实的牵引之下回归土地，正是这一"求道"过程的真实轨迹。

华黎曾这样解释"起点"："建筑应该寻找起点，回到对场所、空间、建造的出发点的探讨。"但是十多年来，华黎对"重力"的看法一以贯之，对"起点"却并无固定的说法。比如事务所的名称，开始叫"普筑"，后来叫"TAO(道)"，似乎都是在寻找本体的、恒常的东西，但两个概念的语境是相当不同的。相应地，建筑师的形式语言和建造策略其实也发生着显著的变化。有时候，对"起点"的追问倒像是一种反向的重力，引人回到初始下落的地方，向上向下都留下思考的轨迹。与大地相对的是天穹，那里气候变化、四时运行，周而复始，并不因人类科学技术的进步和观念的开化而有所损益。道氾兮，其可左右也，不管是高尚处还是卑下处都有它的身影，但它绝不是容易描述的、具体有形的东西。但另一方面，道像水流，更易汇聚在卑下的地方，所以孔夫子说礼失而求诸野，要到乡下、到市井，到平常生活发生的地方，到日复一日消化着工业文明的侵蚀、靠自己的勤劳和耐性在土地上站稳脚跟、坦然承受一切变革，辛劳却依然自得其乐的人群中去寻。无论如何，感情与经验无法靠馈赠得来。仿佛一夜之间，中国人的足迹踏遍了世界，却忽然对自小生长的这片土地失去起码的了解与尊重。那么离开自欺欺人的一切返回到土地上去就成了自然的选择，就像华黎所说，了解一座山的唯一方式是亲自用双脚丈量这座山。

华黎的草图本上标注的都是英文，在思考建筑问题的时候、在选择基本的形式语言的时候，华黎都有一种此时此地的"自觉"，但跟很多受过良好教育的海归建筑师相比，华黎对传统有一种特殊的理解和尊重，不仅是对观念和物质条件相对落后的地方环境，更是对整个中国的历史现实都怀有同情。因此，他应对具体项目的策略和方法、他为事务所选择的名字，以及形式所蕴含的情感与经验，能与现代建筑的人文理想相接，又都轻松地落回土壤，使那些抽象的枝条以活泼的姿态向天空伸展开来。他的工作和设计作品因此都是轻松和有意思的，沉着稳健又步履轻快。"东海西海，心理攸同"，世界上本就只有一个"道"，但它不会轻易得来。"道"不是知识而是经验、是感觉、是完整的生命意识，它在远方、在脚下，每个跋涉的人都要用身体与精神去承受这一路上的风霜雨雪，靠生命本身去搏取。其实放眼望去，华黎和其他海归建筑师所做的每一个选择，都是现代建筑在中国落地生根的一个具体而微的过程，也是民间智慧借现代文明之力重新破土的一个过程，这两者本来就是不可分割的。俗语云"有苗不愁长"，已经发生的怎么可能会轻易消失，这也是一场洪水带来的讯息。只是山雨欲来之际黑黪黪的有点可怕，而生命正在此中孕育。

2014/6/26

近思远观——华黎谈作为基地的地景　刘东洋（城市笔记人）

笔记人：去年秋天，《建筑学报》曾在武夷山竹筏育制场举办过一次小型研讨会。我们几位都参加了。有个话题会后一直在我心头萦绕：华黎的迹事务所承接的项目地处闹市区的好像没有。地处村边地头、树林石丛的，数量不少。这显然不是偶然行为，而是建筑师的有意选择。我想就着这个话头，请华黎老师继续跟我们聊聊他是怎样理解作为建筑基地的地景的。

华黎：好，再次欢迎笔记人老师和几位同学来我们事务所作客。

1. 在耶鲁，亚伯拉罕的《空间奥德赛》

笔记人：我知道您在清华读了庄惟敏老师的硕士，论文还写了生态建筑，然后去了耶鲁。当年在耶鲁，都选过怎样的题目，遇到了谁？

华黎：我是 1997 年去的耶鲁。耶鲁建筑学的硕士课程就四个学期，一学期一门设计课 (studio)，没有毕设。第一年的任课老师都是耶鲁本系的，第二年的老师来自库伯联盟学院 (Cooper Union)。会遇到谁有一定随机性。我第一年选了丽萨·佩尔科宁 (Lisa Pelkonnen) 的课，芬兰人，题目是在耶鲁建筑系馆后面做插入式改造，有点儿像城市设计；还选了斯蒂芬·哈里斯 (Steven Harris) 的课，题目是美国郊区住宅 (suburban house)，研究社区公共空间及单户家庭 (single family) 住宅设计的，是个比较实在的题目。我们借机在美国郊区小城镇做了调研；第二年遇到了雷蒙德·亚伯拉罕 (Raimund Abraham) 和彼得·埃森曼 (Peter Eisenmann)。埃森曼是作为菲利普·约翰逊 (Philip Johnson) 的 TA(助教) 和他一起来上课。约翰逊当时 90 岁了，老先生基本都在讲故事和打趣，实际是助教在上课。第二年的题目更具挑战性。亚伯拉罕的题目是用建筑去翻译文学，叫《空间奥德赛》(Space Odyssey)。每个人都要先阅读一些他推荐的作家作品，包括艾米莉·狄金森 (Emily Dickinson)，萨缪尔·贝克特 (Samuel Beckett)、里尔克 (Rainer Maria Rilke)、卡夫卡 (Franz Kafka) 。基本上都是这一类。学生根据自己的兴趣挑选其中的一个作家，读他或她的作品，自己去找一个"基地"(site)，建筑功能自定。课程的设置在于促使学生思考怎么用建筑空间去表达在文学作品中解读到的东西。

笔记人：您选了谁？

华黎：我选了萨缪尔·贝克特。

笔记人：《等待戈多》吗？

华黎：倒也没局限在贝克特的某一部作品里。可以提取不同作品中的某个场景或者一段内容，产生一个理解，去设计一个空间。我觉得还挺有意思的。这种题目和方法会迫使你在一开始思考很多东西，孤独 (solitude)、缺席 (absence)、对抗 (confrontation)，这些文学作品所描述的人的存在状态如何在空间中呈现其特质？这些不单纯依赖于感性——当然也有感性的成分在。但思考是一个很重要的开始，包括如何寻找场地。场地可以实际存在，也可以完全虚拟，最后的结果不是一个完整的设计，而是片段化的设计，完全依靠想象力的空间，没有也没必要组织成一个完整的建筑。

笔记人：没有了整体，是不是很多时候要靠剖面去反映内容呢？

华黎：对。没有了整体，往往也就没有了太功能性的要求。这样的设计课在很短时间内聚焦在了某些点上，带来了一定的思考深度，激发了想像力，让人兴奋。我自己感觉很有启发，画了很多图，有些不是从现实角度出发，可作为在校训练，很有收获。

笔记人：这类主题性建筑 (Thematic Architecture) 在 1980 年代末的美国还是有针对性的。里根时代，建筑业变得愈发流水线化，功能、规范、市场，死死地捆着建筑师的手脚。"文脉"弄成了城市布景，"解构"刚出来。而这种电影般的主题建筑设计落到了更为私密的层面，思维比较寓言化。霍尔 (Steven Holl) 他们当年做的《活页建筑》(Pamphlet Architecture) 也算这个路子。库伯联盟就更不用说了，亚伯拉罕历来如此。华黎老师，在亚伯拉罕给你们上课之前，知道他吗？

华黎：在国内的时候不知道，那时国内资讯传播太受限制，还没有网络。出去了，就知道了。

笔记人：在亚伯拉罕的点拨中，什么东西对您触动比较大？

华黎：我觉得是这样，因为你是从文学作品出发的，所以你比较自由，你的眼光不用局限于

华黎在耶鲁的《空间奥德赛》作业之一：内与外的思考
左 | 室内图
右 | 室外图

很现实的东西。在这种情况下，我回忆当时一开始我就对某些基本问题有了一些基于想象的逆向思考。比如，建筑的内与外的关系。我当时做了两张图，一张是从贝克特自己房间里看到的窗外城市场景。然后，把窗户里的场景从城市切换成一个人，就像看到窗口站着一个人。感觉两张图一个在室内，一个在室外，同一个窗户，场景变化导致空间关系逆转。这让我觉得人对空间的感受都是相对的。延伸出去说，我意识到了参照物正是我们对于所谓"内与外"界定的重要框架。像院子，它相对于房间而言，常被理解为外部，可从街道的角度看，院子成了内部。这类视角的转移，常带来想象上的突破。

当然，亚伯拉罕的设计课让我思考最多的是如何把人置入一种更原始更基本的空间状态去(archetypal)。空间原始些，触发力会更大。陌生和未知都是滋生想象的条件嘛。除了我刚刚提到的内和外的关系，还有明和暗，它们也可以说是空间最基本的品质。而基本品质是空间最核心的东西，与精神相关。你一聚焦到现实问题时基本就不太会深入思考这些问题了。

笔记人：这些思考会物化成为设计吗？

华黎：会，这是回到建筑学的关键。比如，墙体作为分隔空间的面，常被我们当成一个均质的物质元素去看待，在平面图上，往往就是一条或是两条线。可当我们把墙体放大了去思考，墙体自身是否会有空间的可能？我们就会想到原来在墙体中间也可以插入空间的。也就是说，两个房间中间的一道墙体也可以转化出来一个空间。比如，我们在这道墙上开一个窗洞，从一个房间看向另一个房间。墙如果足够厚，中间就蕴藏了插入一个空间的可能，两个房间之间就多了一个层次。这道墙就再也不是简单的一条线，也不是一般意义的物质构造，而是成为一个空间。

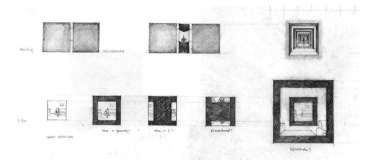

华黎在耶鲁的《空间奥德赛》作业之一：墙与空间的思考

华黎在耶鲁的《空间奥德赛》作业之一：明与暗的思考

笔记人：在埃森曼的课上又收获了什么呢？

华黎：埃森曼的途径跟这个比可以说完全是两种方法，他非常强调方法论。简单地说，二者之间的差别类似文学和哲学之间的差别。埃森曼对待建筑的方法是纯粹理性思维的。我记得，他当时做过一个系列讲座，谈了他对帕拉迪奥 (Andrea Palladio) 建筑的形式分析以及对特拉尼 (Giuseppe Terragni) 建筑的形式分析。

笔记人：这一块影响到您，帮到您了吗？

华黎：我觉得他对我现在的方法没有本质上的影响，但他的设计课教给我对方法的欣赏。这么走一遍，对加强设计的逻辑性和条理性还是非常有意义的；再有，埃森曼是位非常好的讲者。他讲建筑史和建筑中的根本问题时，条理清晰。而他的设计课则需要通过图解和设定的语法对形式进行操作，题目就是"重建耶鲁的建筑系馆"。

2. 基地的感悟与捕捉

笔记人：最早听说华黎的名字是常梦关爱中心，然后是高黎贡的手工造纸博物馆。最近，您给我发来了 12 个项目的设计草图。我看了看，里面有 11 个项目都处在大尺度的地景之中。这是您主动选择的结果吗？

华黎：应该说是。我这几年做过的项目，多数都是在自然环境或者是乡村环境里，比较少在都市地段，我给您发的草图里即便项目地处都市，也多在公园里。

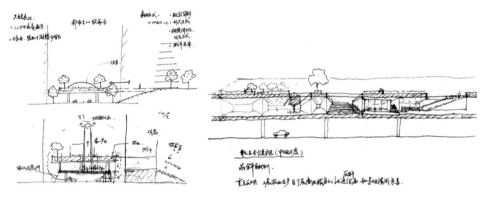

迹·建筑事务所的"街亩城市"构想图

笔记人：迹·建筑事务所从不选择高层住宅或办公楼吗？

华黎：城市里的项目也在做。比如，去年在深圳参加了刘晓都组织的一个集群设计，在留仙洞绿廊地下做一个商业办公建筑；现在在海口做一个初中。当然学校这种项目很容易自成一体，它和城市的关联性毕竟不像商业和综合体那样跟城市的关联那么强。还有，以前在成都双年展提出的街亩城市设想也是针对城市问题的。

就比例而言，我们做的地景中的建筑确实多一些，确实有我个人的兴趣在里面，也可能从造纸博物馆开始，本来一个偶然的事情，增加了我对乡村或者说有地域特征的环境的喜爱，然后就做下去了。做多了，类似项目的业主也会找你。上次有个业主，他们想在西部某环境较好的地方做精品酒店。我问她怎么知道我的，她说是朋友介绍的，看了我们做的造纸博物馆，觉得和环境结合得很好，然后她补充一句：听说你们超过 300m² 的建筑就不做了！哈哈，吓人吧。我赶紧说，这是谣言，好吧？这话可不能传出去，传出去，我们就得关门了。光做 300m² 以下建筑的建筑师还怎么活啊。

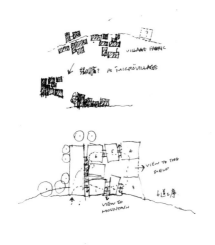

华黎笔下的高黎贡村落

高黎贡手工造纸博物馆的基地总图

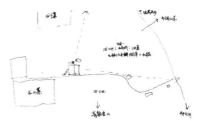

高黎贡手工造纸博物馆场地记录

笔记人：在这类乡间地头的项目中，您会二次选择基地吗？

我们知道，国内的规划条件往往可以改。业主来找您时，地可能都买了，容积率也定了，但是还可以改。您会跑到现场之后，对业主说，这块地周围的风景不够美，换另外一块场地吧？

华黎：好像还比较少。大部分都是业主先确定了基地。即便像通州运河边的林建筑项目，这个地点也是一开始业主就和公园选定了的。高黎贡项目的基地也是事先选定的。

笔记人：为什么高黎贡手工造纸博物馆会选在那个位置上呢？建筑和村子拉开了一段距离，在村口，没有在村子里？

华黎：那块地是那个村里唯一一块可以用来建设的集体土地。那还是开了村民大会表决签字了的。土地在中国还是稀缺资源，业主说你自己挑块地吧，这种机会还是比较少。

笔记人：所以，您对建筑周围的风景是否纯粹，不是特别在意，是吗？

华黎：也不能说不在意，选地还是一个很重要的行为。这么说吧，我第一次去场地，如果场地有东西可以打动我，我就做，不然就不做。比如威海的那个岩景茶室，那块地就特别打动了我。基地也在一个公园里面，是以前人挖山、挖石头、挖出来的一片绝壁。我第一次去的

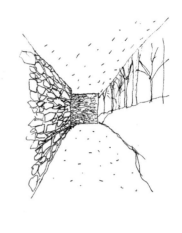

华黎勾勒的岩景茶室地形图   威海岩景茶室

时候正好下完雪，整个岩壁、雪、枯树就是一幅水墨，马上抓住了我。场地本身已经有了某种属于自身才有的品质和特性，就会很吸引我，这是我选择项目的重要因素，在这个项目里功能反而成为相对次要的因素。

笔记人：您有没有自己记录场地感受的方式？

华黎：我会画速写，但画的不多。感受记在脑子里，再拍一些照片，有时会用平面做记录，比如说造纸博物馆，因为没有地形图，我就必须得做一下地形记录，做的过程也是在加深对场地的认识。多数时候，还是以在场地上的直观感受和拍照为主。有条件的话，我还是信奉现场设计的。现场的这种感受是一比一的，非常直接。

笔记人：建筑师能自我培养对于基地的感悟力吗？默库特 (Glenn Murcutt) 对澳洲一草一木皆有心得，多数城里的建筑师怎样获得这种敏感呢？

华黎：我觉得敏感有一部分是你先天的，有一部分是可以后天培养的。后天的事情可能就跟旅行有关，多看，用心地看，就是捕捉地景线索的关键。

这个还跟建筑师的阅历有一定关系。你去过很多地方，看过很多地方，就能培养你的眼光，就有知识的东西在里面。先天的能力更多是在感觉里，后天训练靠知识的弥补，我觉得也是有用的。我之所以觉得旅行是最好的建筑教育，不是说走马观花，而是用心地观察和用脚去丈量。我们如今旅行的时候往往不再像柯布 (Le Corbusier) 或西扎 (Alvaro Siza) 画那么多速写了，但我还是倡导要多画一些去过的房子的平面、剖面，同时要步量房子。这样，你就把感官体验和理性认识紧密地联系在一起，所谓心脑一体。

3. 嵌入土地

笔记人：您讲了耶鲁时期的作业，讲到了明与暗，我忽然就想到，您并不是一味地要让建筑亮起来的人。同时，您的一系列建筑都跟大地有关。比如那个从来没建成也没有发表过的道教中心，在大的剖面模型上，整个庙被摁到地下去了。您把"道"字给拆了，变成洞及走廊。

华黎：哈，那是个形式游戏，那个项目最后没建成很可惜。

笔记人：草图里有个新疆天池项目吧？大平台，建筑主体也是半下埋的。您对这种嵌入和下挖的动作，很感兴趣？这个动作可以追溯到亚伯拉罕老师那里去吗？我发现，他也做了这类嵌入大地的建筑。

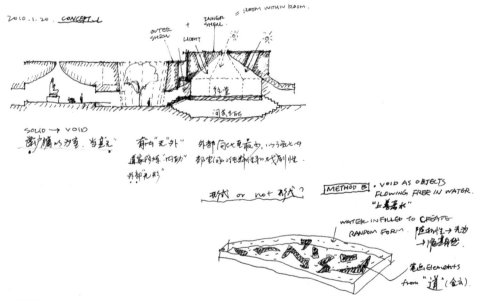

延庆的道教中心

华黎：感觉会有些潜在联系。当时在亚伯拉罕的设计课上，对空间的思考中很重要的一项就是跟大地的关系。我觉得，建筑和大地的关系该是诸多建筑关系中最基本的关系之一。你决定让建筑嵌入还是漂浮在大地上，是沿着水平向还是垂直向发展，这是再基本不过的问题。即使当时课上的基地一词没有直接说"大地"或是"地景"，完全自己虚拟，我还是会回到建筑跟大地的关系上去的。

您刚提到的几个例子都是建筑跟大地联系特别紧密的项目，尤其是天池边上的那个游客服务中心。我们前年做的，没建，也挺可惜的，我自己很喜欢那个项目。

你如果只看所谓的建筑基地，它就是距天池 100m 的一片斜坡。但你一抬头，雪山就进来了。有雪山在那里，当时，我们就觉得应该让建筑露在地上的部分尽可能变小，减少对自然景观的影响。像这样一个处于更大自然背景中的基地，从更大的尺度去看待基地会特别有意思。只看红线范围内的基地本身眼光会太局限，还要看场地跟天池以及和雪山是怎样的关系。天池实际上是高原的一个堰塞湖。雪山上的雪融化了之后，水流到这里，给堵住了、堰塞了，形成了湖面。然后山这边又低下去，水通过两条溪流又流了下去。这个时候你看，这个基地的所在地不就是一道大坝吗？既然它是大坝，不用挖你都能想象得到，它的地下构造一定是山上冲下来的巨石形成的。我想象着地下有很多这样的岩石。那么，如果这个游客中心挖下去一些，也就成了对天池地质或地理构造的展示。我就想把它挖下去，估计会遇上一些岩石，

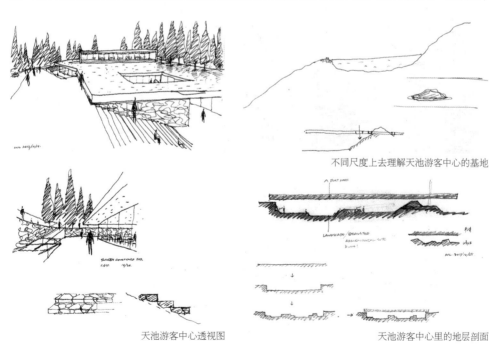

不同尺度上去理解天池游客中心的基地

天池游客中心透视图

天池游客中心里的地层剖面

人们进到地下空间去会看到地质层叠的痕迹，这样，就创造了体验天池地质构成的机会，也让人感受到这个地方就是一个坝。一个小的空间可以体现出大环境的历史过程，我觉得挺有意思。当时，我都想过在开挖岩层时根据挖的现场情况再进行内部空间的二次设计，就像考古发掘那样，不断地调整建筑和地层的关系。这个项目可以说是建筑和场地之间有着特别紧密关系的独特案例吧。

笔记人：怎么没建？甲方换人了？

华黎：决策层没魄力做决定，总怕有反对意见。

笔记人：武夷山玉女峰公路下面修建洞窟茶室的设计，是不是也是类似原因终止的？

华黎：要施工的话，那条路得断掉。如果路断掉的话，整个武夷山景区内部的游客流线都要重新规划，包括那些电瓶车路线啊什么的。即使动工，也要跟旅游旺季错开，由于比较复杂，一直还没动。

笔记人：您这种高度嵌入大地的设计引来了另一个话题。像葛如亮先生当年做习习山庄时曾把山体的巨大岩体暴露在山庄里，跟岩景茶室相似。基本是巧于因借，调和人工建筑跟山水的关系。可玉女峰公路下的洞穴或是道教中心的全地下下埋，让我想到藤森照信、筱原一男等人做过的带土间或是地下洞穴的房子。这些日本建筑师一方面会强调土穴跟日本人的身体性有关——矶崎新就这么说过——另一方面，那种出现在当代家居里的暗空间跟异化的现代世界有关。您下挖的时候，会考虑这类心理要素吗？

华黎：没有那么强烈的意识。下挖更多地跟我自己的感觉有关。上述三个项目都是从我自身的感受出发，形成了对场地的认识，进而物化成了建筑的某些空间特质。天池那个特别明显。而2010年做的那个道家中心其实不算下挖，地点在龙庆峡山脚下，延庆的大平原上，只是利用了场地的高差，从场地特征和建筑定位来说，一定要水平向铺开。出发点是营造一系列内向性的具有教育和修行功能的空间，有点像修道院。所以用了内院来组织空间，这是一个很自然的感受和结果。

笔记人：然后，您从道教中心开始就选择了夯土？

华黎：没有。道教中心是全混凝土结构。当时，孝泉小学刚做完，对清水混凝土技术有了一些经验。道教中心不是有很多曲面吗，觉得是个挑战。您觉得像夯土，可能是因为屋顶有覆土绿化吧。当时想做一个浑然一体的东西，管线啊什么的都藏在结构空间里。施工图都画了，没盖。

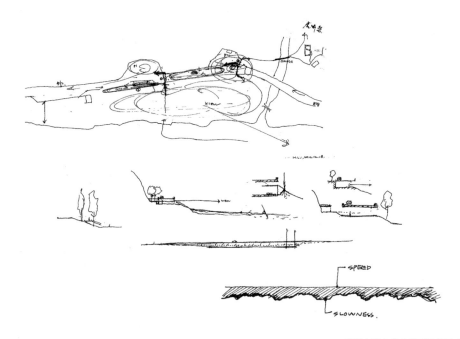

武夷山玉女峰公路下的洞窟茶室

笔记人：什么时候选择夯土了呢？算不算从土地热爱向手工艺热爱的延伸？

华黎：尝试夯土也就是从林建筑开始的。目前也就这一个项目里做过。采用夯土墙的想法就是因为结构是木头的。我当时想，如果墙用土就是"土木"了。还是觉得它跟自然有一种很亲近的联系，房子毕竟在公园里。这也是一种主观感受的选择吧。另外就是就地取材，从下挖做基础取出来的土做的这些夯土墙。

笔记人：是吗？哪来那么多色彩？

华黎：那些色彩是我们设计的。有些地方加了氧化铁的矿粉，这样形成横向的一条一条的肌理。其实挖地基的土也不够，又从外面运了一些土。以前也没做过，在现场就做了一些样板墙，调配比。实验费了些功夫，做了三四次才找到比较合适的配比和完成效果，我觉得最后的形式呈现和工艺还是有密切关系的。分层夯筑时我们沿底部多铺一点小的豆石，这样层的肌理在墙上就可以读得更清晰，层层痕迹也给墙体带来了尺度感和细节。

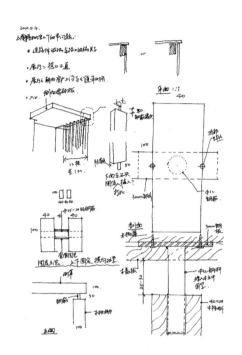
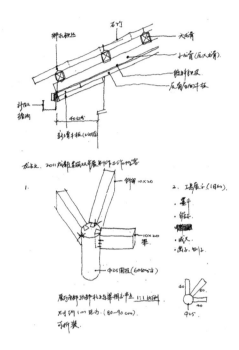

高黎贡手工造纸博物馆的构造草图

4. 在地的建造

笔记人：您的这些项目多不在大城市里，从高黎贡到武夷山，很难得到城市建造体系的支持。我们上次武夷山座谈时，大家就谈到地方性建造该不该有预先的容差设计。包括上次去通州，您当时也提到了林建筑的结构装配时的一个细节：叠层木构构件在空中相交时，立体交接的精确度要求非常高，您后来设计了交接点上的万能交接环。这样的困难常见吗？

华黎：在高黎贡反而不是个问题。那个博物馆基本上都是传统手工方式建造的；孝泉小学混凝土浇得好，因为我们幸运地遇到了一个负责的项目经理。他希望把它做好，换一个人肯定浇不成那样。所以一开始他就做一些样板墙啊，讨论技术细节啊，非常积极地参与到建造尝试里面去了。

林建筑的结构是在工厂加工好构件然后现场安装的。这时，构件的结合变得重要起来。首先柱子起来就有一定的定位误差，单个构件尺寸也有误差。交接处是靠钢环还有插入木头里的钢板依靠螺栓和销钉来固定的。这会导致有些梁装上去了，剩下的梁装不上去，很麻烦。那就得在现场比对定位，位置合适后，拿下来，再进行螺栓位置加工。本来能在工厂做的工作比如穿孔必须在现场做。

笔记人：所以，在地的建造要会应变。在回到这个话题之前，请教您一个别的问题。您上次在武夷山座谈时特别讲到您喜欢工业建筑，这是随口说的还是有思考的？

华黎：不是随口说的，我是挺喜欢工业建筑的。像我们在798对面C9的改造项目不也是工业建筑吗？

我觉得工业建筑"非常建筑化"，非常基本，文化性不是那么强，更直接地跟建筑本身的元素比如结构、空间、采光有关。而且工业建筑的建造逻辑往往可读。像结构与墙体关系，以及结构本身的构成，都可以清晰地呈现出来。我觉得这是建筑的一种品质，有一种力量在里面。这跟西扎那种完全用空间去表达更文化性和绘画性的方式不同。

笔记人：这是否意味着您比较排斥"画家建筑师"的作法？

华黎：不会，我很兼容。您从我做的这些项目中也可以看到，最后结果差别还是比较大的，从形式到语言和材料的选择，差别都比较大。我不是那种从一种成熟语言出发的建筑师。当然，建筑师做久了也会慢慢形成自己熟悉的语言。

笔记人：当您被媒体描述为一个"在地"建筑师时，您觉得这是不是一种语言？

华黎：那就看我们怎么理解这个"在地"里的"地"了。就像我们上次座谈时所谈到的那样，"地域"的"地"概念可大可小，可具体可抽象。如果"在地"的"地"泛化成为"地域主义建筑语言"的话，肯定不是我关心的事儿。我所言的"地"总要回到具体的基地上去。

笔记人：赞同。然后，我们可以回到之前的话题上去了：如今所谓"在地的建造"既希望现代技术的介入能在关键部位能帮助地方性建造大幅度提升使用效果，同时，又不要太贵，太过侵犯甚至消灭原有的建造体系。这算不算矛盾？

华黎：所谓地方性建造从来都不是一种单纯的体系。它还是需要用到现代工业的东西，所以如果当地操作不了就比较麻烦，就还得从外部，至少一部分还得从外部来输入，比如说在村里做木结构，工匠做木结构很熟练，庖丁解牛级别的，可他不会做防水，不会做卫生间，这都很正常，因为他不在那个体系内。但现在的建筑没有防水，没有卫生间不行，所以还得从外部输入些东西。

但我觉得，刚才在谈地域性的话题，地域之所以存在就是因为它还有这样一个系统，一个相对封闭的系统，它才能有"地域"这个概念，如果它被同化了，"地域"的概念也就不存在了。所以，我对"在地建造"的理解就是在某个地域里还存在一种系统，这种系统包括了它的建造方式，它跟周边资源的关系，还包括气候以及跟周边的人文关系。如果这类条件和关系还存在的话，你就可以去运用它，如果不存在，也就没有必要去强求了。像武夷山这样的地方，我说的这个系统就处在一个被同化的过程当中。像混凝土技术、砌块墙体也不是说只有那里才有，全国乡镇都有，包括这种用砌块镂空墙来通风的方式，在云南啊，到处都有。可就看你怎么去运用它。更重要的是，你得问，在你这个项目里用这个是不是适合，其实就是竹筏厂里面有烧的工艺，有大量的烟冒出来，才会导致我采纳了砌块镂空墙。可见，还是得回到项目本身，这才是一个更自然的选择。

5. 原型的价值

笔记人： 最后一个话题：在您的某些项目里，比如水边会所，我会在设计说明里读到 "折叠的范斯沃斯"(A Folded Farnsworth) 的提法。此处，您明确给出了作为先例的原型建筑。您会经常这么做吗？原型建筑对于我们的设计来说到底有何意义？

华黎： 为什么我当初会用这样一种方式去表述呢？因为对于这个设计来说，我对它最基本的理解是这样的：在一个场地上，建筑就是由两张水平面和支撑柱们所构成的形态。场地有很好的景观，最主要的想法就是希望人在里面也是透明的，人在里面能够时刻感受到外面的景色，跟范斯沃斯最基本的图解关系一致。

在我看来，所谓针对"原型性建筑"的思考，它实际上还是把设计领向了对建筑最图解化、最基本的理解。它又回到了项目跟场地的最基本关系上去了。当然，等回到具体形式和建造层面的细节，水边会所跟范斯沃斯完全不同。那么，有原型的参照思考，作用还在于建立一种概念。也可以说，你是在用一种基本概念去引导设计，尽管我现在有的时候并不依赖于这种做法。有时候就是感性地去画，在画里面再去捕捉。但有的设计是用概念来引导的。

笔记人：恰好范斯沃斯正是一个关于"建筑与风景"的例子。我们换一个类型吧。譬如图书馆。我们想到图书馆原型时多半会想到巴别塔 (Babel Tower)，想到阿斯普兰德 (Asplund)，想到康 (Louis Kahn)。这类原型里，我们思考的是什么关系呢？

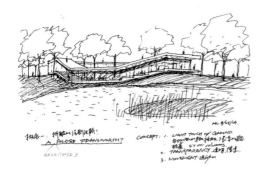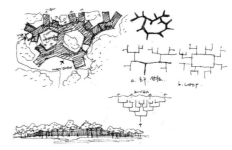

"折叠的范斯沃斯"　　　　　　林建筑场地上，华黎对树林里的分形几何思考图

华黎：机制或是制度。就说康做的埃克塞特 (Exeter) 图书馆吧，他的基本思考在于图书馆的原型关系上。它的建筑平面实际上是跟图书馆如何被使用的这种 institution(机制) 相关。比如康说，"当你读一本书时，你去找有自然光的地方"（"when you have a book, you go for natural light"）。这就是他为什么把"阅览室"(reading room) 都做到外围，把书库放到中间的原因。当然，书库在中间，也形成一个有精神性的殿堂空间，物理层面上讲，纸质书也怕光。这都是些很有机的想法，让你感觉康的思考很严密，前后一致，无懈可击。但我后来想，这种作为类型的原型建筑还是有其时代条件性的。比如说以后我们的书不再是纸质的，变成电子化了，那你在阅读时候就不一定需要自然光。阅读间放在外围，结论也就不一定成立。康自己肯定也意识到建筑是受时代条件局限的这个问题，所以他说所有的机制都处在变化中 (all our institutions are on trial)，每一次设计，都需要重新思考。我觉得在具体经验里思考原型的变与不变，很有意义。

笔记人：一次一思考。您每做一个项目，也会在地方性经验里寻找原型性参照吗？比如，在武夷山时，您带我们参观窑场，您指着那个巨大的竹棚子说，竹筏厂库房就照着它那么做；还有，您在最开始去武夷山踏访那些农村修竹筏的小作坊时，您说，您注意到整个房子的墙面都被烟火熏得黑黢黢的，筏工靠着火炉里的火光在烤竹子、压竹子、串竹子，然后，您的新竹筏厂的厂房里，您也要复制一次这种火光和幽暗的对比。

华黎：是，竹筏厂里确实有好几方面的因素叠加在一起。有这个作坊体验的移植与再造；有现代厂房对屋顶形式的考虑；有对混凝土砌块地方常见作法的改良。我的确觉得对地方性的资源调查很重要。

像造纸博物馆，武夷山竹筏育制场，都是在一开始对当地既有的建造特点有一些了解，知道哪些从现实操作层面上是可行的。武夷山竹筏厂新的仓库设计就是借鉴了当地有的竹结构建造传统来建。而像我们最近在云南的一个咖啡庄园项目选择用砖来建造，就是因为砖是当地最普及的一种材料。场地当中和周围建筑都是用的砖，包括场地里面一个要改造成博物馆的老电影院，都是砖砌体建筑，当地也有砌造传统。新建筑既利用当地资源，也更好地融入了环境。

我始终认为，建筑师的空间创造活动实际上是基于自己记忆的一种想象，它来自头脑对过去的记忆片段的打碎、提取、重组，成为一种个人经验的转译。这也是为什么建筑作品都与建筑师的个人历史密切相关的原因。例如柯布的建筑与其绘画的关系，西扎的空间与其城市地形特征的关系都与此有关。记忆即想象，想象即记忆，这是很有趣的。因此原型参照并非意味着简单复制，而是对个人经验的再造，而如果这种经验与地方相关，这种再造自然就带有一种与地域在文化意义上的关联。

笔记人：这个砖拱建筑在云南哪里？

华黎：在怒江边的潞江坝的一个村子里。用砖的选择可以说来自于对场地的判断，然后拱顶这个形式可以说跟材料特性以及咖啡这一事物所激发想象的空间氛围有关。我们用了灰砖和红砖以营造不同的氛围：外部灰砖的沉静与内部红砖的热烈。空间有十字拱和连续单向拱两种类型，分别适用于不同功能的空间。而两种砖的资源可用以及拱的建造可行性也是对当地做了调查的结果。我觉得在比较偏远的低技术环境下，能利用地域具有的条件还是非常有意义的，我不希望最后的建造方式完全来源于外部而且成本很高。

笔记人：从作为基地的地景一路讲到了手艺，讲到地方性经验。我得感谢下华黎老师的慷慨分享，也期待您云南的新作，希望下次会聊到它。（完）

2015/08

（本文原载于 2015 年 10 月《建筑师》杂志）

云南怒江新寨咖啡庄园
左 | 咖啡仓库
右 | 加工车间

附：项目基本信息

常梦关爱中心
项目地点：北京
项目功能：食堂、厨房、储藏、画廊等
建筑面积：180m²(小食堂)180m²(儿童画廊)
设计时间：2007(小食堂)，2013(儿童画廊)
建成时间：2007-2008(小食堂)
主持人：华黎/迹·建筑事务所(TAO)
设计团队：华黎、孟昊(小食堂)
华黎、林旦华、赖尔逊、贺储储(儿童画廊)
合作设计团队(儿童画廊)：香港中文大学朱竞翔教授及研究团队

TAO 原事务所厂房改造
项目地点：北京
项目功能：办公室、会议室、展廊、储藏室等
建筑面积：430m²
设计时间：2009
建成时间：2009
主持人：华黎/迹·建筑事务所(TAO)
设计团队：华黎、郭鹏宇、朱志远、姜楠、李国发

云南高黎贡手工造纸博物馆
项目地点：云南腾冲界头乡新庄村
项目功能：博物馆、书店、茶室、办公、客房等
建筑面积：361m²
设计时间：2008.4-2009.5
建成时间：2009.5-2010.12
主持人：华黎/迹·建筑事务所(TAO)
设计团队：华黎、黄天驹、李国发、姜楠、孙媛霞、徐银军、杨鹤峰

四川孝泉民族小学
项目地点：四川德阳孝泉镇
项目功能：教学楼、多功能教室群、办公、学生宿舍、食堂
建筑面积：8,900m²
设计时间：2008-2009
建成时间：2009-2010
主持人：华黎/迹·建筑事务所(TAO)
设计团队：华黎、朱志远、姜楠、李国发、孔德生

水边会所

项目地点：江苏盐城

项目功能：接待、展示、休闲、多媒体放映、洽谈、办公等

建筑面积：500m²

设计时间：2009.11-2010.4

建成时间：2010.5-2010.10

主持人：华黎 / 迹·建筑事务所 (TAO)

设计团队：华黎、张锋

半山林取景器

项目地点：山东威海

项目功能：观海平台、展厅、茶室、办公

建筑面积：256m²

设计时间：2011

建成时间：2012

主持人：华黎 / 迹·建筑事务所 (TAO)

设计团队：华黎、姜楠、喻海文

武夷山竹筏育制场

项目地点：福建武夷山

项目功能：制作厂房、储藏、办公室、宿舍

建筑面积：16,000m²

设计时间：2011-2013

建成时间：2013

主持人：华黎 / 迹·建筑事务所 (TAO)

设计团队：华黎、Elisabet Aguilar Palau、张婕、诸荔晶、赖尔逊、张锋、 施蔚闻、
  姜楠、Martino Aviles、连俊钦

林建筑

项目地点：北京大运河森林公园

项目功能：接待、餐厅、会议、酒吧、办公

建筑面积：4,000m²(一期：1,830m²)

设计时间：2011-2013

建成时间：2012-2014

主持人：华黎 / 迹·建筑事务所 (TAO)

设计团队：华黎、赵刚、姜楠、赖尔逊、陈恺、Alienor Zaffalon、张芝明、
  张雅楠

图书在版编目（ＣＩＰ）数据

起点与重力 / 华黎著 . -- 北京 ：中国建筑工业出版社 ，2015.7
（王明贤主编建筑界丛书 第 2 辑）
ISBN 978-7-112-18227-5

Ⅰ . ①起… Ⅱ . ①华… Ⅲ . ①建筑设计－作品集－中国－现代 Ⅳ . ① TU206

中国版本图书馆 CIP 数据核字 (2015) 第 142791 号

责任编辑：徐明怡　徐　纺
美术编辑：张芝明　刘小亚　关天愉

王明贤主编建筑界丛书第二辑
起点与重力

华黎

*

中国建筑工业出版社出版、发行（北京海淀三里河路9号）
各地新华书店、建筑书店经销
北京利丰雅高长城印刷有限公司 制版、印刷
*
开本：787×1092毫米　1/16　印张：16 字数：250千字
2015年11月第一版　2017年1月第二次印刷
定价：132.00元
ISBN 978-7-112-18227-5
　　　　（27469）

（邮政编码　100037）